谨以此书献给塑造我身体的父母和塑造我生活的妻子张雪蓉。

植物塑造的人类史

史军 —— 作品

中国出版集团　现代出版社

目
录

第四章

谁留住了谁？老家和作物

第七章

布帛和可可豆，植物和人类货币

第八章

从香料到水果，把世界连接在一起的植物

第十章

金鸡纳和柠檬，药用植物打开新世界大门

第十三章

杂交水稻和转基因玉米，人类的未来在植物手中

终章

什么是植物？生命的终极奥义 // 295

序章

人类和植物，谁塑造了谁

这本书的源头其实是在北京师范大学进行的一次演讲活动，我的演讲主题是"叶片上的中国"。那是 2012 年夏天，那个时候，《舌尖上的中国》还没有大火。在演讲中我与在场的朋友分享了关于竹子、水稻和黄豆的故事。毫无疑问，这些植物影响了我们今天中国人的方方面面，《新华字典》中带"竹"字头的汉字有 365 个，米饭是中国人共有的主食，更不用说豆腐烹饪是中国人的特别的味道。

然而，在那些分享之后，更多的问题出现在了我的脑海之中，是中国人选择了这些特别的植物，还是这些特别的植物成就了璀璨夺目的中华文化呢？

就在那时，我再次细读了贾雷德·戴蒙德的《枪炮、病菌与钢铁》，深深为其中"地理因素影响人类世界"的观点所折服。我忽然发现一个有趣的事情，人类身体、文化、社会的演化是完

大豆

全随机的过程，还是有着必然的趋势，这个问题的答案并不在人本身，而在那些经常被忽略的绿色植物身上。

人类的形态、食物、文字、贸易、社会组织结构其实都来自相关的植物，人类改变植物为我所用，而人类也被植物改变着，从促使人类定居的小麦和水稻，到改变世界的胡椒和土豆，再到牵动世界贸易神经的大豆，植物的力量显而易见。

在了解这个宏大的故事之前，我们需要去了解一些演化基本理论，自然选择过程中的效率问题，从泛化到专一的演化问题，以及演化的潜力。

从非生即死到效率优先

谈到演化和发展，总有一个词儿会被人们挂在嘴边，那就是"优胜劣汰"，并且这个理论经常被归结到达尔文身上。查尔斯·达尔文的《物种起源》不仅被奉为生物学的圣经，还被很多朋友当作指导社会生活的宝典，但如果你是这样想的，那就大错特错了。以上这种用于解释社会强调优胜劣汰的理论，被称为社会达尔文主义。这其实是对达尔文演化理论的经典误读。

在达尔文的理论中，压根就没有优胜劣汰这个词语。达尔文理论的核心概念包括"过度繁殖""生存竞争""自然选择"三个基本的概念。在这个理论中，过度繁殖是一切的基础。如果每一头雌象一生（30~90岁）产仔6头，每头活到100岁，

达尔文的理论在当时的社会中
引发了激烈的讨论，也曾遭到
一些人的嘲讽

而且都能进行繁殖的话，那么到 750 年以后，一对象的后代就可达到 1900 万头。即便是繁殖能力低下的大象，如果不受限制地繁殖，就能够在可见的地质年代中覆盖满地球。这种情况没有出现，就是因为存在生存竞争，且不说那些虎视眈眈的狮子，单单是长颈鹿和瞪羚这些食草动物也是大象繁殖的竞争者。最终，自然选择就像是一个从沙子里面筛石头的筛子，只负责留下那些适应环境的物种或者个体，而其他物种将消失在演化的漫漫长河中了。归结一句话就是，这个世界上的物种根本就没有优劣之分，只有适应和不适应环境的差别。

当然，适应环境并不是一个简单的二选一的题目，生物繁殖的效率高低是更为关键的因素。举个简单的例子，假设有 A 和 B 两个拥有共同祖先的相似物种，它们生活在完全相同的环境中，繁殖和生长都完全一致，只是 A 物种的繁殖成功率比 B 物种高 10%，在 A 物种和 B 物种起始数量一致的情况下，只要短短的 12 代繁殖，A 物种的种群数量就

大象

可以达到 B 物种种群数量的 3 倍以上。即便 A 物种和 B 物种一年只繁殖一代，那也只要短短的 100 年时间，A 物种就可以完全把 B 物种的地盘抢到手。

在自然界中，这种繁殖效率的差异比我们想象的要小得多，但纵使只有 1% 或者 1‰ 的稳定差别，在漫长的演化事件中也会积累起可见的差别。并且在自然界的竞争中，这种以繁殖效率为核心的竞争，远比"你死我活"的竞争要常见。

从泛化到特化

在这个竞争适应环境速度过程中，众多生物都做出了适应于环境的改变。从泛化到专一，这是生物演化的基本趋势。举个最简单的例子，在最初我们进入学校的时候，大家都在学习同样的课程，只要接受基础教育之后，我们都有了适应于普遍

性工作的基本谋生手段，比如餐厅的服务员可能要同时承担收银、保洁、收发快递等任务。当然，也可以选择更为特别的发展方向，理科或者文科；随后选择自己的专业和研究方向，比如生物学；进而选择自己的职业，比如开发收银系统，生产和维护自动售卖机，甚至是去开发收银电脑所需要的芯片。这个过程，就是从泛化工作到专一性工作的变化，其实在生物演化过程中也有类似的趋势，这种现象就是从泛化到特化的趋势。

每一个物种的生存原则与我们每个人生活的原则非常相似，就是找到适合自己谋生的手段，并且努力适应于环境。泛化和特化的实例在自然界同时存在，就拿传粉系统来说，很多植物选择了来者不拒的泛化传粉系统，所以我们在一朵盛开的向日葵上能看到蜜蜂、食蚜蝇和蝴蝶，它们都能成为潜在的传粉者，为桃花搬运花粉，当然这些传粉动物也会去不同的花朵上瞎逛，这样就意味着很多花粉被蹭到了错误的地方，这样的传粉效率自然是大打折扣了。

当然也有很多物种选择了特化的生活方式。最典型的案例就是兰科植物与动物之间的关系，很多兰科植物选择了特定的昆虫来为自己传播花粉，提高繁殖成功率。比如，澳大利亚的雕齿锤唇兰（Drakaea glyptodon），就是利用花朵模拟雌性槌唇兰蜂（Zaspilothynnus）来吸引雄性槌唇兰蜂。雄性槌唇兰蜂会不断上当受骗，在这些无法完成交配的假女友之间穿梭，在这个过程中就完成定向传播花粉的任务，这不仅大大节约了花粉，并且那些被骗的槌唇兰蜂还有可能因为慌张飞到更远的地方，增加了兰花基因交流的机会，为兰花创造出了更多的基因组合和可能性。比较这样的效率差别，从泛化到特化的趋势也就不难理解了。

值得注意的是，我们通常所说的环境只是水分、土壤、空气、温度和光照这些非生物环境。实际上，在生物演化过程中，生物也是非常重要的环境。在演化过程中人类筛选了植物，也相当于植物选择了人类，动物和植物相互驯化的过程。

没有回头路的演化之路

除去上面两个方面，还有一个重要的概念就是，物种演化的潜力和发展的单向性。简单来说，所有的生物包括文明都是在既有的道路上进行完善和改造，并没有简单的回头路可走。

如果没有深入了解演化概念，我们会自然而然地把演化的过程，想象成一个用橡皮泥捏泥塑的过程，一旦发现不合适就会重新搓揉成团，一切都从头再来。但是真实的情况并非如此，演化只能在现有的基础上进行修补，并没有退回到起始点这个选项。比如，重新进入海洋的哺乳动物——鲸，并没有重新装备适合水中呼吸的鳃，而是拥有了可以开闭的呼吸孔和长时间不交换氧气的肺。

对大多数物种而言，适应特定环境的演化结果，就像是站在某个山峰的顶端，这些顶端遥遥相望，却是可望而不可即。比如说猎豹和海豚分别是陆地上和海洋中速度最快的猎手，但是它们是无法对调位置的，如果说猎豹入水勉强还能狗刨一下的话，那么海豚上岸就只有死路一条了。在演化到适应特定的生活环境之后，这些物种就很难再做出改变。

同样的，在《餐桌植物简史》一书中，作者约翰·沃伦也对人类作物的发展做出了相似的论断，在人类驯化作物的过程中，总是会基于手头已经有的作物进行改进工作，即便是还有很多更有发展潜力的物种，或者这些物种有着其他更有潜力的方向（比如蔬菜变油料作物），但是这样完全改变的事件很少发生。就是因为演化的单向性，在人类育种工作中依然存在。简单来说就是，在这个工作中，不仅是人类认定了植物，植物也同时绑架了人类。

寻找人类身上的植物印记

在了解这些基本的演化生物学概念之后，我将带大家一起去重温那段由植物和人类一起书写的特别历史。

在第一章我们将带大家一起回到人类的老家——非洲。那是今天遍布地球各个角落的 70 亿智人共同的老家，从那里走出的人类祖先可能做梦都没有想到，一个小小的族群竟然成为地球上最成功的物种之一。当然，他们也不会知道自己成功的原因——超强的耐力和近乎神奇的投掷能力，前者可以帮助人类长途迁徙追逐猎物，而后者可以帮助人类更有效地捕获猎物以及对抗天敌。当然，这一切都建立在直立行走的基础上。这种特殊的行为，不仅解放了人类的双手，更重要的是改变了人体的基本结构，枕骨大孔后移，脑容量增大这一系列的变化都与直立行走有着密不可分的关系。人类为什么要选择直立行走，至今没有明确的答案。在传统的学说中，毫无疑问的是，植物在人类祖先选择直立行走这个演化事件上扮演了重要角色。我们将在人类祖先生活的地方，重新寻找直立行走的动力。

初出茅庐的智人祖先首先要解决温饱问题，而用火毫无疑问提升了智人获取食物的能力。在第二章，我们将带大家去体验人类与植物性食物的斗争，以及火在这个过程中的重要作用。在绝大多数描述中，人类用火的直接好处是让肉类更容易变成可口的食物。有一点我们其实忽略了，在很多情况下，生肉也可以作为食物，甚至比烤焦的熟肉更容易咀嚼和消化。而植物类毒素恰恰是横亘在人类和能量宝库之间的厚重屏障。就在动物们为了化解植物毒素耗费大量能量的时候，人类用火轻松地突破毒素屏障。这样一来，人类可以选择的食物突然丰富了起来。同时，反过来说，植物毒素更像是推进人类用火的巨大动力。

当然，用火还不能完全解决植物营养摄取的问题，因为很多植物的营养物质都包裹在保险箱一样的种子当中，要从这些"保险箱"里顺利"提款"并不是一件容易的事情。于是，最早的植物种子加工技术出现了。从小麦到面包，从水稻到米粉，这些在我们今天习以为常的加工过程，实际上是植物逼迫人类做出的重大革新。正是与植物籽粒之间的斗争，最终决定了我们今天厨房的模样，厨房里的汤锅和擀面杖都是这场战争的遗迹。在第三章，我将为大家呈现植物促成的人类厨艺诞生的过程。

随着植物性食物的丰富和稳定供给，人类祖先有了定居的基础。那么究竟是人类选择留下来播种特定的作物，还是农作物迫使人类留下来工作。在第四章，我们将带大家去探索农作物和人类定居之间的关系，以及相关的关键农作物的故事。

小麦

在第五章，我们将一起回顾植物对于人类社群关系的影响。当大规模人群定居并开始农业生产之后，人类社会的形态发生了天翻地覆的变化。大规模有效的协作体系又被植物强化，毕竟能够保证收成的水利工程并不是单人独户可以完成的，而有效地管理和划分土地，以及更准确地预测农时，就更需要国家机器来进行工作。再复杂的社会和国家组织结构，究其雏形仍然与植物脱不了干系。

在第六章和第七章，我们将讨论文字和货币这些看似与植物无关的符号，这些符号上都有着深深的植物印记。伴随着人类和社会发展，沟通和交流成为迫切需要解决的问题，最重要的交流就包括文化交流和经济交流。我们今天熟悉的文字和货币，显然是促进这两类交流的重要工具。即便是这些高度抽象化的符号仍然留有最初植物的影子，汉字瘦长的样子，还有拉丁字母的书写顺序，这些都与植物有关系。至于说货币，在各地发展过程中，植物都承担了重要的作用，特别是在古代中国，粮食实际上一直行使着法定货币的功能。所有税收和社会物资流通的调节都是以粮食为基础的，也正因如此构建起了典型的小农经济社会。

中世纪之后，在不同地域的文明发展起来之后，跨越大洋的贸易开始兴盛起来，而把世界连接在一起的货物又恰恰是植物。香料在这次经济全球化的浪潮中，发挥了举足轻重的作用。从小国寡民到地球村，贸易体系的建立需要强力的推动。

在这个过程中香料（胡椒）和水果（猕猴桃）都发挥了极大作用。毫无疑问，植物推动了世界贸易的发展。但是很多朋友不知道的是，在这个过程中，还有很多植物进一步稳定和发展了全球的贸易体系，正是引入美洲的甘蔗和引入亚洲的棉花重塑了整个世界贸易体系，至于说在开发过程中碰到的金鸡纳树更是解决了困扰人类数千年的疾病问题（疟疾）。在环球航行过程中，柑橘类水果更是为水手们提供了必要的维生素C

柑橘

支持，并且由此开始了营养学的研究，人类开始认识维生素家族，也开始更认真地认识自身的身体。我们将在第八章到第十章探讨植物带来的全球贸易网络是如何诞生和稳固起来的。

植物对人类的影响还远没有结束，它们深刻地影响着人类的审美情趣，在第十一章，我们将带大家感受植物给我们带来的关于美的概念，植物是如何强化人类的审美情趣的。

在第十二章中，我将向大家展示，那些在实验室中影响人类生活的植物。像拟南芥这样一些不起眼的小草是如何改变人类对生命的认知，同时又是如何改变人类今天的生活的。实验室中的植物小白鼠，远比我们想象的要有用，这些被称为模式植物的物种，正是人类打开真理殿堂的钥匙。

在最后的第十三章中，我们将回顾人类与植物的种种关系，并且依托于人类今天对植物的认识和了解，去讨论在未来的发展过程中，人类和植物的关系将何去何从，在生物技术和转基因技术已经极大发展的今天，我们与植物的关系是否发生了根本性的转变，是一个值得讨论的问题。

第一章

从森林到草原的采集工，
站起来走出非洲

2019 年的春节，我再次拜访肯尼亚的马萨伊马拉大草原和乞力马扎罗山。因为全球变暖的影响，乞力马扎罗山的雪顶已经很难看到。但是广阔无垠的草原，点缀其间像巨型天线的平顶金合欢，穿梭于水源地和山坡之间的大象，蛰伏在灌木丛中的狮子，拼命从马拉河中挣脱的角马大军，仍然让这里成为梦幻的旅行目的地。

作为随行的专家领队，我又一次来到这片神奇的土地上，带领队员们进行为期两周的游猎之旅。游猎这个词的英文单词，我相信很多朋友是从苹果手机或者苹果电脑上学到的。在今天苹果 Mac OS 系统里的 "Finder" 已经变成了 "访达"，但是 Safari 仍然是 Safari。

这个英文单词的本意是英国人在非洲进行的一种娱乐项目——乘车猎杀当地的野生动物，特别是猎杀狮子。在 19 世纪末到 20 世纪初，肯尼亚仍然是英国殖民地的时代，这种项目一度非常流行。从老派酒店 "肯尼亚山狩猎俱乐部" 的墙上的老照片和墙壁上悬挂的动物标本，我们还能隐约听到当年的枪声。

时过境迁，我们今天来到这片土地上进行 Safari 之旅，已经不可能再对野生动物刀枪相向，因为捕猎野生动物已经成为被严格禁止的行为。导游小赵开玩笑说，"之前西方人是用枪来 Safari，我们今天是用相机来游猎了"。即便如此温和的游猎也附加了严格的限定和规则，在没有特殊情况或者特别允许的情况下，车辆只能沿着限定好的道路行驶，不能随意下车，不能随意投喂动物，更不能惊扰动物的捕猎行为。我想，我们的智人祖先怎么都不会想到，当他们的后代在 2 万年之后回到自己老家的时候，完全没有了当年的自由。

但是有些人并不受这些规则的限制，那就是马萨伊人。这些热衷于在保护区检票处向我们兜售工艺品的可爱朋友们，有着与这个世界割裂的生活状态。在游猎途中，我们经常可以看到，身着红衣的马萨伊人独自走在一望无垠的草原之上，没有背包没有行囊，只有一根长棍在手，赶着他们的牛群行走在天地之间。如果有牛脱离队伍，放牛人就会抓起地上的石块，精准地砸中那个不老实的家伙。如果我们不是盯着他们看，只是转眼的工夫，人和牛群都已经消失在目力不及的地方。

看着牧牛人远去的身影，那些走出非洲去向世界各地的智人祖先，大概也是迈着沉稳有力的步伐从这里启程的。

投掷和马拉松，直立行走的馈赠

我在思考一个问题，站在车里的游客，用各种长焦镜头瞄准猎豹和狮子的我们，还有没有那样精准的投掷石块的能力，还能不能离开车辆徒步走回酒店，即便是有了特殊许可，我也不想离开自己舒适的座位。

我们大多数现代人已经忘记了，精确投掷和长距离奔跑是人类祖先赖以为生的两个看家本领。仍然在这片土地上生活的马萨伊人，凭借人类最基本的技巧，过着无拘无束的生活。

如果你是第一次听过上述说法，第一反应一定是不屑一顾，把用过的纸巾团成团扔进废纸篓，为了赶上末班车回家，一口气从办公室冲到地铁站，对于我们每个人都并非难事儿。但正是两项看家本领，让人类祖先有了完全不同的驾驭自然的能力。

先说投掷这件事，看起来是件3岁小孩儿都会干的事情，但是要想让机器人完成这个工作却并不容易。2019年，日本丰田公司成功研发了一款投篮机器人。这种名叫CUE 3的机器人，身高2.07米，通体黝黑，自带传感器、马达、摄像头等配置，CUE 3擅长中圈超远三分球，站在篮球场中间的小圆圈里，几乎隔着半个篮球场还能百发百中。

CUE 3机器人的精湛技艺完全得益于传感器和计算能力的爆炸性发展，即便是30年前的科学家也不会相信，这一天是如此快的到来了。注意机器人的行为是建立在精确计算的基础上的。在投掷之前，机器人就利用图像传感器建立起了一套空间模型，并且根据篮球和篮筐的对应位置给出相应的投掷方

追逐兽群需要强大的耐力和精准的投掷能力

案。在中学时代的物理课上，我相信大家都被各种抛物线问题折磨过，能量、速度、角度、重力加速度和空气阻力都会影响到投掷物品的运行估计。

但是，人类的投掷行为显然不是建立在精密计算的基础上的，我们在投掷之前，并没有精确的距离数据，在投掷之时也没有确切的弹道估算，然而，投出的纸巾总会划出优美的弧线落入废纸篓。你能说这不是一个神奇的行为吗？

这些特殊的改变，毫无疑问要归功于直立行走这件事。如果没有直立行走，我们的双手就无法解放出来，那么精准投掷就是空谈。再来看人类的近亲黑猩猩和倭黑猩猩，虽然有使用工具的能力，用树枝钓蚂蚁，用嚼碎的树叶当"海绵"从树洞里吸水喝，甚至可以使用树枝做成的武器来叉中猎物，但是，它们却很少用投掷的方法来对付猎物或驱赶猛兽。如果你在动物园的笼舍边上被黑猩猩用粪便砸中，那么恭喜你，还真是有猿粪（缘分）啊。

除了精准投掷能力，人类长距离奔跑的能力更是让人吃惊。人类祖先之所以能在生物界扬名立万，最初靠的不是聪明而是奔跑。当我的好友科学松鼠会的张博然给我讲述这个理论的时候，我还充满了怀疑，但是随着他的讲述的深入，我越来越认同这个理论。

连小朋友都知道，人类奔跑的最高速度远远不及猎豹，人类奔跑的最高速度是 45 千米 / 小时，而猎豹的速度可以达到

投掷能力也为人类用于作战。图为关于古罗马军队的铜版画

120 千米 / 小时。但是很少有人知道，在长距离运动方面，猎豹就是个战五渣，而人类才是这个项目中的真正王者。猎豹的冲刺只是一次性的爆发，大约在 15 秒钟左右。人类则大不相同，长跑运动员可以用每小时 20 公里的速度一连奔跑十几公里。

从 1980 年开始，每年 6 月在威尔士都会举办"人马马拉松"，人和马同场竞技曾跑过 35 公里的距离。2004 年，休·罗布以 2 小时 5 分 19 秒的成绩，第一次跑赢了参赛马。注意，休·罗布并不是最顶尖的人类长跑者。另外，把赛程定为 35 公里，是考虑到马匹的生理极限，如果赛程更长，赛马就会受伤。但是，马拉松参赛者们则要跑 42 公里，这甚至还不是人类运动的极限。

值得注意的是，体毛稀少，小汗腺发达带来了更好的散热能力，大脑主动分泌内啡肽（很多人喜欢跑步的原因），这些都会是人类进行长距离奔跑的有利因素，但是毫无疑问，长距离的奔跑也是建立在直立行走的基础上。在持续奔跑这个比赛项目中，人类理论上甚至可以跑赢世界上所有的四足动物，更不用说我们的那些灵长类亲戚了。

不管是精确投掷，还是长距离奔跑，人类祖先的这些看家本领并不是人类直立行走的根源，反倒是在直立行走出现之后的衍生技能。

那么问题来了，直立行走究竟是如何出现的呢？

采集效率是关键中的关键

正如我们在序章中提到的基本原则。生物的改变并非只有生或死两个选项。迫使生物改变的原则就是适应，而适应一切的核心是效率。而在人类祖先适应环境过程中，首先要解决的问题就是获取能量的效率。请大家务必记住这一点，因为整部人类的历史就是围绕提高能量获取效率展开的。而直立行走，就是提升效率的第一个台阶。

关于人类祖先是如何开始直立行走，有一个假说是植被变化假说。因为气候变化，东非茂密的雨林变成了稀树草原，原来在树上栖息的人类祖先开始更多地在地面上行走，并且逐渐演化出了直立行走的特征。相信很多朋友都听过这个假说，这个假说在 21 世纪之前一度是生物学教材中的标准假说。这个假说似乎很有说服力，因为化石证据显示，几乎所有的古人类都生活在干旱或者半干旱区域，而热带森林形成的化石层却根本没有人类化石的影子。

然而，如果我们就此得出结论就太草率了。在这里不得不提一个理论，那就是幸存者偏差。在第二次世界大战中，盟军和德国进行了激烈的空战。经过对机身受损情况统计，工程师们发现在战斗机机翼上留下的弹孔特别多，飞行员座舱留下的弹孔最少，所以得出的结论是应该加强机翼部位的防护。这时，

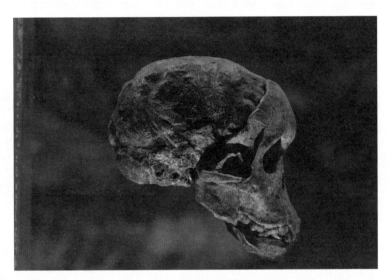

古人类化石

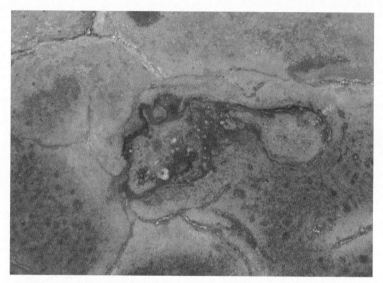

坦桑尼亚距今 12 万年前的人类脚印

一名叫亚伯拉罕·瓦尔德（Abraham Wald）的英国统计学家站了出来，他指出更应该注意弹痕少的部位，因为这些部位受到重创的战机，很难有机会返航。事实正如亚伯拉罕所推测的，在加强了座舱和油箱防护之后，盟军战斗机的生存力大大提升了。

同样的道理，森林变草原并非人类开始直立行走的必然原因。因为在热带森林区域，由于物质循环速度极快，在大量食腐动物和真菌的作用下，人类祖先的遗骸很难形成化石。所以，仅仅是根据在这样环境中形成的化石少，就推测人类祖先是起源于稀树草原并不是一个聪明的结论。

实际上，直立行走特征很可能在人类祖先从树上下地之前就已经成熟了。这种特性帮助人类祖先拓展了生活空间，让它们更好地生活在萨瓦那草原上，而他们在进入草原活动之前，早就有了直立行走的能力。而这种能力与采集植物性食物有关。

然而，要想生存下去，就需要在有限时间内找到更多高热量的食物。

吃肉还是吃素

与描述直立行走的起始类似，在 21 世纪之前的很多生物学教材中，把吃肉描述成人类之所以成为人类的关键动作，吃肉让人类成为真正的人类。然而，我们似乎对于祖先的食谱过于乐观了。越来越多的证据显示，人类祖先的常规吃肉的行为大概是从 200 万年之前开始的，而在此之前的 400 万~500 万年时间里，肉类并不是人类食谱的重要组成部分。通过化石比较研究，人类祖先的近亲南方古猿粗壮种甚至是以草为主要食物的物种。再来看我们现存的灵长类亲戚，在大猩猩的食谱中，几乎 100% 都是植物，而在黑猩猩的食谱中，素食也占了90%，处于狩猎采集状态的人类部落素食占到 70% 以上，想来我们人类祖先的食物组成也好不到哪里去。

所以跟原有的吃肉变人的理论完全相悖的真实情况是，人类祖先是靠吃叶子维持生命活动。其实要理解这个现象很简单。森林里什么最多？当然是叶子了。花儿不常开，果子不常有，但是叶子随时随地都是满满当当的。可是，叶子的热量实在是太低了，100 克圆白菜的热量只有 24 千卡，100 克大白菜的热量只有 12 千卡，100 克生菜的热量只有 14 千卡，这还不如一颗巧克力豆提供的热量多。所以，要靠叶子为食，每天要做的工作就是吃吃吃。所以，我们的灵长类亲戚一天到晚都在吃吃吃，完全吃素的大猩猩一天大概有 1/3 的时间在嚼叶子。没办法，谁让叶子的热量太低呢？

问题分析到这里，矛盾出现了，人类祖先的大脑开始成为一个高耗能的器官。在静息状态下，大脑这个只占人体体重5% 的器官，却要消耗 20% 的能量。更麻烦的是大脑还很挑食，它的食谱里只有葡萄糖这一个选项。

这也就意味着人类祖先需要大量的能量供给，解决办法之一就是不停进食。如果想要靠大白菜满足一天所需，看看要吞下那一大堆叶子，已经头大得很了。所以人类的大脑在这件事情上耍了一个小花招，那就是把新鲜叶子的口感定义成了一个好口感。为了让我们的身体获得足够的能量，大脑会拼命地催眠，"这是好吃的，多吃点吧，再多吃点吧"。于是人类就可以开心地吃下叶子了。

附带说一下，还有科学家认为，我们人类都喜欢吃各种酥脆的食物，比如冰激凌脆皮，乳鸽的脆皮，那是大脑遗留下来的花招。因为新鲜的植物叶片和昆虫的外壳都有酥脆的感觉。是不是想想都会倒胃口？但是，这就是演化在我们身上留下的印记。

不满足的大脑和摘果子

然而，即便是在大脑的催眠作用下，人类可以忍受粗糙的食物，那么获取食物的热量也是有极限的。这种能量极限带来的就是体形和大脑神经元数量的极限。2012 年，巴西里约热内卢的公立大学的科学家卡林娜·丰赛尔·阿泽维多和苏珊娜·埃尔库拉诺·乌泽尔在美国科学院院报上发表了一篇文章，分析了人类祖先和类人猿体形与大脑神经元数量的权衡关系。结果发现，在获取食物热量恒定的情况下，身高和大脑神经元数量存在此消彼长的关系，简单来说，就是吃下去的东西一定的情况下，长了个子就没办法长脑子，而长了脑子就没办法长个子。要注意的是，大脑消耗的能量可是惊人的！

为了给身体和大脑提供足够的能量，不同灵长类动物每天的平均进食时间都很长，狒狒为 5.5 小时，黑猩猩为 6.8 小时，红毛猩猩为 7.2 小时。通常来说，如果是唾手可得的食物（比如南方古猿啃的草），那么所得的热量就非常有限，只有不断提高进食时间，增加热量供给看起来是个方法，然而即便是灵长类中的吃饭劳模大猩猩，每天的进食时间平均也只有 8 个小时。这些能量要分摊给身体和大脑就成了一个难于解决的问题。

有趣的是，人类大脑似乎超出了这个限制，人类不仅拥有所有灵长类动物中最大的大脑，并且静息状态下，人类大脑会消耗 20% 的总热量，而我们的类人猿亲戚的大脑最多只会消耗 9% 的总热量。更重要的是，人类包括人类祖先显然并不是每天都在不停地吃吃吃的，我们并没有在这件事儿上花费大猩猩那样漫长的时间。这是为什么？

就如同一台电脑，CPU 和显卡都是耗电大户，在电源功率一定的情况下，我要么选择性能低的 CPU，要么选择性能低一些的显卡，当然，还有一个额外的选择，那就是更换一个性能更强劲的电源。

面对不断增长的大脑，一天到晚吃叶子是无法在根本上解决问题的。在时间没办法无限延长的情况下，提高单位时间内获取能量的效率，就成了人类祖先必须解决的重要问题。

要想提高效率，必须寻找更多热量更高的食物。在马来西亚的雨林中，我们能看到人类祖先的亲戚——红毛猩猩。聪明的红毛猩猩会跟随榕树、榴莲和其他植物果实的成熟时间，顺次拜访不同的果树。红毛猩猩会四仰八叉地躺在树杈上，时不时从旁边的枝条上摘下那些已经变红的榕果咀嚼。但是更多时候，它们会用上肢抓住头顶的枝条，下肢在树干上，方便快速采摘那些"手臂"可以触及的成熟果实。看到这样的场景，不难联想到当年人类祖先在树上生活时的场景。

毫无疑问，用双足行动，可以解放上肢的同时，让我们在不同的果实资源之间移动，这样就能帮助人类祖先在尽可能短的时间内，获取尽可能多的果实和热量。正是这种行为，极大促进了直立行走行为出现，或者至少让具有直立行走行为的个体有了更高的取食效率。而这种高效率带来的结果，就是这样的个体拥有更多的时间去做额外的事情——争夺领地，寻找配偶，关照后代，最终获得更多的后代。而直立行走基因就在人类祖先中大范围地扩散开来，并最终成为人类适应全球环境的"撒手锏"。

我们回到故事的开头，人类祖先能够有效狩猎，是基于投掷和奔跑的能力，而这两种能力其实都是直立行走带来的结

红毛猩猩

各种榕树上的无花果是红毛猩猩爱吃的果实，双足站立行走可以节省在枝权间的
移动时间

果，而非原因。能够高效采摘植物果实更可能是直立行走基因出现的真正原因。从某种层面上说，植物的果实才是人类直立行走的真正源头，也是人类扩张至全球的真正原因。

然而，只是选择高热量的食物也不足以解决热量供给的问题，要想获取足够的热量还需要能开发更多高热量的食物来源，也因此推动了人类用火和制造工具，当然对于生活在非洲森林里的人类祖先而言，这些都是无法想象的神话了。

不仅仅是双脚，还有眼神

在慢慢习惯直立行走的同时，人类祖先的植物食谱还在潜移默化地影响着人类的身体，进一步建立起了人类和植物的紧密联系。相信大家都有过这样的经历，在父母的威逼利诱之下，吃下了很多胡萝卜。

人类的夜行性祖先并没有强大的彩色视觉能力，只有适应夜晚活动的发达的暗视力。这些在夜晚出没的动物的视网膜上，满满的都是视杆细胞，这些棒子一样的细胞只能分辨光线的明暗。今天，我们在月光下仍然能看见一个黑白的世界，那就是视杆细胞发挥作用的结果。

在6500万年前，发生了两个大事件，彻底改变了人类祖先的命运。一是称霸地球近2亿年的恐龙家族灭绝了，二是开花植株最终取代裸子植物成为新兴的植物霸主，整个世界都变成了花朵的海洋。

而我们的祖先也有了新的生活，他们再也不用在巨兽的脚边偷偷摸摸地趁着夜色活动了，白天的世界充满色彩。而开花植物的到来，为世界带来了更多的色彩，叶黄素、胡萝卜素、花青素更是把植物世界涂抹得五颜六色。这就好比，电视机突然从黑白时代切换到了彩色时代，眼睛不够用了，还真的是不够用了。

人类祖先的眼睛要对付的可不是电视里的肥皂剧，而是生死攸关的大事情。在演化过程中，人类的祖先逐渐依赖于各种果实，嫩芽这样的食物，使得分辨颜色成为一种非常重要的能力。因为植物身上不同的颜色，代表了植物不同的生长阶段，比如像香椿这样鲜红色的嫩叶通常是有毒的警示标志，而红色的苹果果实则是成熟可食用的信号，只有那些善于选择正确食物的人类祖先才能避免毒素，获取更多的营养。当然，也就有更多的繁殖机会，把自己的基因传递下去，而这些基因也就深深地镌刻在了我们的遗传系统之中。

于是，在人类祖先中一些幸运儿获得了更大的生存优势，因为在它们的视网膜上出现了一些专门分辨色彩的细胞，这些细胞因为锥子般的身材，得名视锥细胞。分别能感受红色、绿色和蓝色这三种原色，让人类有了完整的彩色视觉。

反过头来说，从夜行性到昼行性的转变，让人类也更依赖于特别的化学物质，那就是维生素 A 和 β – 胡萝卜素，因为在白天的时候，我们的视网膜承受着更强的阳光刺激。过多的能量，带来了过多的自由基，这是夜晚活动的人类祖先所没有碰到过的。这些自由基具有强大的杀伤能力，而要对付这些炸弹般的化学物质，保证视网膜的正常工作，就需要很多抗氧化剂。这也就是我们需要补充维生素 A 和 β – 胡萝卜素的原因。而这一切，在数百万年前，甚至数千万年前，人类的祖先开始选择果实作为食物的时候，就已经注定了。

总而言之，今天人类的形态与植物密不可分，毫不夸张地说，植物这位雕塑师傅在人类形体塑造这件事上投入了大量心血。然而，事情并没有完结，植物对我们的影响可不仅止于外貌形态，我们的行为特点，也是植物在数亿年前就已经设计好了。

维生素 C 的缺失，也是素食的证据

在接下来的日子里，人类习惯了植物叶子松脆的口感，而这些叶子也改变了我们的身体。人类把合成维生素 C 的能力给丢掉了，世界上的哺乳动物有 6000 多种，不能自身合成维生素 C 的屈指可数，我们人类就是其中之一，悲催不悲催？说到底，这件事还是跟食物有关系。既然每天的食物里有充足的维生素 C，干吗还要浪费能量自己合成呢？

为什么植物会富含维生素 C 呢？传统的观点认为，维生

素 C 可以帮助植物对抗干旱，强烈的紫外线等严酷的环境。基本上被认为是个植物体内的"救火队员"。不过 2007 年英国埃克塞特大学的一项研究表明，维生素 C 对植物的发育具有更重

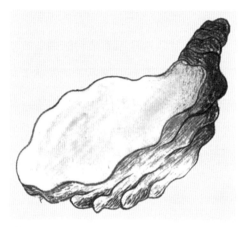

牡蛎

要的作用，这种物质会消灭光合作用的有害产物。那些维生素 C 合成出问题的植物，竟然不能正常发育了！

　　面对充足的维生素 C 储备，人类当然不用再费劲合成了。更准确地说，应该是那些放弃合成维生素 C 的个体，可以把能量更多地投入繁殖事业当中去，于是这个看似"有害"的突变，却成了某些个体的优势基因，并最终在人类中扩散。

　　当然，吃生肉也可以解决人类的问题，因为，生肉中也富含维生素 C，每 100 克生牛肝和生牡蛎中的维生素 C 含量可以达到 30 毫克以上。理论上，人类祖先完全可以从肉类中获得足够的维生素 C，但是要面对的是寄生虫的风险。而要排除寄生虫风险，就必须充分加热食物，同时也破坏了里面的维生素 C。于是转了一大圈之后，人类还是需要在植物身上找到维生素 C。

人类就是这样因为植物的果实站立了起来，因为植物果实改变了眼睛，因为植物果实从森林走向了草原，植物对人类形体的塑造就这样从直立行走开始了。在接下来的日子里，人类祖先会碰到更多的植物挑战，去寻求更高的能量获取效率，最终促使了人类用火技能的精进。

第二章

烤肉还是烤土豆，
用火和有毒植物

在儒勒·凡尔纳的科幻小说《神秘岛》中有一个有意思的桥段，当一行人流落到荒岛之后，最想解决的就是取火的问题。最后从水手的衣服夹层中取出了仅存的一根火柴，最终点燃了篝火。就在大家看到生活希望的时候，潮水熄灭了所有的火种。这个时候，德高望重的工程师用两个机械表壳，黏合在一起，中间放上水，变身凸透镜，利用阳光点燃了火绒，让希望之火重新在林肯岛上燃烧起来。这也成为小队改造岛屿，创造奇迹的起点。还好当时的表壳是凸面的，不是今天流行的平面玻璃，要不然，这帮挑战者就真的要过上茹毛饮血的生活。不管如何，这件事都告诉我们一个道理，有没有火是人之为人的重要问题！

　　在中学的政治课上，我们都学习过关于人类的经典论断，"人类之所以区别于其他动物，是因为人会制造和使用工具，以及会用火"。到今天，使用工具这个区别早已不

乌鸦

复存在，因为很多动物都会使用工具。黑猩猩会用枝条钓白蚁，用木棍砸开坚果；海獭会用石块砸开贝类外壳。有些聪明的乌鸦居然会在十字路口利

螃蟹

用来来往往的汽车压开坚果，从而轻松地获取其中的果仁。它们会把坚果投掷在人行道上，待到果壳被过往车辆碾碎，人行道绿灯亮起时，这些乌鸦就会大摇大摆地去享用自己的战利品了。动物利用工具获取食物的能力，远比我们想象的要强大。

但是主动用火这件事在其他动物身上并没有出现，有些鸟类确实会借着大火享用那些四散奔逃的昆虫大餐，但是并没有一种动物能够主动获取和保存火种，更不用说熟练地使用火了。

毫无疑问用火极大地拓展了人类的食谱范围，野猪狍子烤一烤，生蚝螃蟹烤一烤，有助于吸收营养。但是有观点认为，吃生肉对吸收肉类营养影响不大。那么究竟是什么原因促使人熟练用火呢？

肉类真的需要加热才可以吃吗

在传统的有关人类用火的理论中，最受关注的就是烤肉理

论。简单说来，关于人类为什么要用火，最多的解释是，吃了火烤熟的肉会更容易摄取营养，多出的这些营养促进了人类的大脑发育，最终让人成为真正的人。但是事情真的如此简单吗？

直到今天，我们面对烧烤类食物的诱惑时，还是毫无抵抗能力。看着烤架上吱吱冒油的烤肉，闻着弥漫开来的香气，嘴巴已经不自觉地充满了唾液，即便是我们在努力专注于谈话聊天，但是目光也会不由自主地瞥向烤肉架。一切的一切都说明，我们的身体都渴望烤肉，这种渴望早已经写在我们的基因当中。

今天我们知道，烤肉产生的绝大多数香气物质都来自美拉德反应，这是一类由糖和氨基酸在加热条件下发生的复杂化学反应，从而产生丰富的香气物质。即便有精密的化学分析仪器，想要搞清楚美拉德反应具体过程仍然很难，但是毫无疑问，我们至少可以确定的是，要发生美拉德反应，至少需要满足三个条件——充足的糖、氨基酸和高温。糖和氨基酸的重要性自然不用赘述，这是人体活动需要的能量和物质基础；至于说高温条件，对于食物的安全性至关重要，在高温作用下，不仅可以清除有害的致病菌和寄生虫，还可以有效减少食物中的有害物。

烤熟的肉好消化吗

然而，对于人类祖先为什么要吃烤肉这件事，通常的观点认为,熟肉有助于消化。这方面已经有诸多研究,比如在烹饪过程中,蛋白质的结构会发生改变,这样就更容易被消化系统接纳和吸收。

为了方便消化吸收与方便进食,让肉类更好咀嚼看起来倒是个更为牵强的理由。因为多数肉类在加热之前更容易咀嚼,内脏就不用说了,大部分的肉制品若非煮到稀烂,大概还是生的状态下更容易咀嚼,很多朋友热衷于三分熟的牛排其实就是为了体验牛排鲜嫩的口感。当然,如果非要论及肌腱(肉筋)这样的特殊食材,当然是长时间烹煮之后更容易咀嚼。但是大家不要忘了,肉筋是在长时间蒸煮之后会变得更容易撕咬,而不是在长时间的烤制之后容易撕咬。喜欢吃烧烤的朋友都知道,对付一串火候过老的牛板筋是多么痛苦的事情。

至于有利于消化吸收,也不是烹饪肉类的必然动因。虽然大多数实验认为烹饪熟食有利于蛋白质营养吸收,但是烹饪

魏晋墓壁画砖烤肉煮肉图

带来的结果并不一定是正向的。在 2016 年，法国农业研究院科学家玛丽恩·欧柏林（Marion Oberlin）团队的实验中发现，在饲喂大鼠时，长时间煮熟的牛肉的消化率（在 100℃下炖了 210 分钟）其实要低于对生牛肉和中度烹饪牛肉的消化率。在同一科学家的另外一项实验中，有 5 名女性 11 名男性参加了吃牛肉的实验，结果发现，相对于轻度加热的肉来说，那些在沸腾的锅里煮了 30 分钟的肉变得更难消化了。

想象一下我们在野外烧烤时的狼狈场景吧，有多少肉烧成了焦炭，又有多少肉因为嚼不动而变成了垃圾。实在无法想象，对于缺乏温度控制，只能在火堆上烧烤肉类的人类祖先来说，他们这样做只是为了更好咀嚼或者更好地吸收肉类营养。

更有意思的是，在某些特定情况下生肉的营养会更丰富，特别是生肉中也富含维生素 C，所以那些完全以肉类为生的因纽特人身体也是棒棒的，并不会因为缺少水果蔬菜就得坏血病。因为他们从生吃的海豹和鲸鱼肉里已经获得了足量的维生素 C。

毫无疑问，安全性远比好消化要重要得多。比起口感和营养，吃下去不中毒才是最根本的问题。但是，这些在肉类食物中，潜藏的风险并不少，且不说腐肉中的各种致病菌，即便是新鲜的肉类，长时间炖煮方法的源头，与其说是让肉类更好咀嚼和消化吸收，不如说是为了尽可能降低寄生虫和微生物带来的风险。

爱吃糖胜过爱吃肉

还有一点需要考虑的是，人类的捕猎技能究竟有多强，人类对于肉类的爱好究竟有多强。显然，在今天的饮食体系中，肉类被视为高档食材，高碳水和高脂肪食物被斥为垃圾食品。千万不要忘了，这种分类方法是建立在物质极大丰富且敞开供应的基础上的，而我们的人类祖先面对的食物选择显然不是这个样子的。

注意了，相对于蛋白质，我们的大脑其实更在意的是糖，越能直接提升血糖的食材就越受大脑欢迎。当然，在吃下这些食物的时候，大脑就会分泌大量的多巴胺，继续刺激我们去获取相同食物的工作。这种行为其实早已写在了我们的基因当中。

在非洲东部生活的哈德扎部落（Hadza），仍然维持狩猎采集生活。人类学家弗兰克·马洛和茱莉亚·贝尔贝斯对这个部落的饮食进行了研究。科学家对部落成员的饮食偏好进行了统计，结果发现在包括肉类、蜂蜜、浆果、猴面包树果实和植物根茎这五类食物的选择中，不管男人和女人都会优先选择蜂蜜。毫无疑问，蜂蜜是最佳的食物，因为这种食物能快速补充糖分，并能让我们的大脑产生愉悦感。至于说肉类，是男性的第二选择。但女性的第二选择却是浆果。这大概与性别分工有关，男性更喜欢狩猎，而女性选择采集，久而久之，那些在相关工作中拥有更高效率的基因（个体）自然就被筛选了出来。不管怎么样，对于糖的渴求是写在人类的基因中的，这种渴求甚至要高于对肉类的渴求。

其实在我们身边也有很多这样的例子，传统上，南方人说吃饭的意思就是吃米饭，北方人的一顿大餐总会以面条或者饺子作为收尾，对碳水化合物的偏执并不是简单的文化记忆，而是生理和心理因素共同决定的。人类对于肉类的渴求并没有我们想象的那么大，而且吃肉对于人类的演化的推动作用，特别是对人类行为的塑造作用仍然是值得探讨的命题。

但是问题来了，同样是能够提供碳水化合物的植物根茎，在哈德扎部落却遭到了冷遇，不管男性还是女性都会把这类食物列为最后选择的备用食物。这看起来很难解释，但却相当合理——不管是吃土豆、木薯或者山药，我们都必须做一系列的烹饪工作，想安全地吃下植物根茎，还真不是一个简单的事情。这类食物当然没有蜂蜜和浆果来得有价值。

用火解除植物的化学武装

别忘了，蜂蜜在自然界是稀缺物质，而浆果也有特定的成熟时间，在缺乏蜂蜜和浆果的时候，如何高效摄入热量，满足大脑的需求，植物根茎就成了很好的备选答案。同样是基于安全的考虑，在推动用火这件事上，植物毫无疑问起了更重要的作用。正是很多植物毒素需要用火来处理，才让人类祖先习惯了用火。

植物对付动物的武器主要包括生物碱、单宁、皂苷和蛋白酶抑制剂这四类物质，在不同植物身上可能同时应用一类或者几类毒素，这显然取决于植物和动物之间斗争的强度。好钢用在刀刃上，越是重要，越是容易被动物攻击的部位，其中的毒素含量就越高。

每年春天都会有很多朋友来问我一个问题，那些美好的花瓣能不能做成美味佳肴。其实我们做一个简单的思考就能轻松得出答案。花作为繁育下一代的重要器官，植物当然要投入大量的资源来经营，并且，快开快落的它们也比那些老秆老叶要来得鲜嫩。别说是人，食草动物也不会放过如此美味。面对垂涎三尺的捕食者，植物早早地在花朵里储备了化学武器，杜鹃花中的杜鹃花毒素是其中的代表——有些杜鹃花花瓣飘落的池塘中，鱼吃之后，都会白肚朝天。黄花菜中的秋水仙碱，也能让人上吐下泻。据说，白色花朵的毒性要比颜色鲜艳的低得多，可是没有实验根据，更像那个"黑蘑菇毒人，白蘑菇不毒人"的传说。

如果说，营养丰富的话，咱多冒冒险也值得。不过看看，这些野生花朵的营养，总让人泄气——虽然杜鹃花号称维生素 B_6 含量超群，但是在保证不重蹈"花瓣鱼"覆辙的情况下，恐怕不如吃棵维生素 B 同样丰富的菜花；吃个柠檬获得的维生素 C，不知道相当于吃多少朵号称维生素 C 丰富的玫瑰花。

除了繁殖的重要部位，多年生植物储存营养的部位也会做好严密防守。最典型的就是木薯，这种大戟科植物的块茎富含碳水化合物，但是这些营养丰富的块茎实则暗藏杀机。木薯的毒药在体内含有的氰类化合物——亚麻苦苷和百脉根苷，这倒是与苦杏仁中的苦杏仁苷极为相似。那么，什么是氰类化合物呢？我们在谍战剧中经常会看到一个桥段，间谍被发现之后，吞服了一粒药丸，即刻毙命，那药丸里装的通常就是氰化物（氰化钾）。

我们人体之所以能正常运转，就在于每个细胞都在进行正常的呼吸。而呼吸作用的本质，就在于电子在不同的化学物质之间传递，而氰化物恰恰就是个拦截电子的能手，一旦氰化物侵入细胞，就会破坏电子的传递。相当于给细胞的能量工厂拉了闸。细胞的生命活动戛然而止，整个人体也就随之崩溃了。

更要命的是，木薯不会让人轻易察觉，因为亚麻苦苷和百脉根苷都是没有直接毒性的，其中的氰化物基团被其他化学基团包裹在一起。再加上木薯的香甜味道，我们有可能在毫无察觉的情况下吃下很多这样的致命化合物。一旦进入胃部，亚麻苦苷和百脉根苷会在胃酸的作用下水解，释放出大量的氢氰酸，中毒就在所难免了。如果不加以防范，贸然进食就是踏上

杜鹃花

不归路了。

即便是植物叶片也未必是好惹的。危险的植物叶片就在我们身边，如被人们昵称为"滴水观音"的海芋。在夏日潮湿的清晨，我们就会看见滴滴晶莹的水珠从叶片边缘冒出来，"滴水观音"倒是名副其实。

有网络传闻说，千万不能触碰这些"滴出"的液体，否则会中毒。其实，植物吐水并非海芋的专利，西红柿的秧苗在水分充足的时候一样可以吐水。这些水滴中除了微量的矿物质和氨基酸，几乎都是水。所以，"水滴剧毒"只是个流言罢了。

不过，这并不意味着海芋是个善茬，我们绝对不能对它们掉以轻心。因为，这些植物体内含有大量草酸钙针晶！与菠菜中含有的草酸钙不同，芋头中的草酸钙会形成针状的晶体，正是这些晶体会刺激我们的皮肤和各种黏膜引起瘙痒，甚至呼吸道水肿，严重的话会引起窒息死亡。

海芋与芋头不仅叶子相像，连球茎都相像，所以误食海芋的事件并不鲜见。2008年11月，《厦门晚报》报道，当地有5位小朋友把海芋当成芋头烤来吃，结果嘴巴肿得像香肠，幸好抢救及时才脱离了危险。无独有偶，中国香港在2013年就有10起因误食海芋引发的事故。

解毒各有各的高招

在动物世界里有没有相应的解毒办法呢？当然有。

学会挑选食物，是对抗植物毒素的有效做法。在肯尼亚马萨伊马拉草原上，我们总能看到长颈鹿在悠然地嚼着金合欢的叶子。只要注意观察，你就会发现一个有趣的现象，长颈鹿并不会在一棵树上吃太久，很快它们就会移动到下一棵金合欢树。金合欢树枝条上的尖刺阻挡了很多食草动物，但是长颈鹿似乎并不在意这件事情，依旧在树丛间熟练地搜集嫩叶，大饱口福。当然，尖刺还是影响长颈鹿进餐的效率。最有意思的是，当金合欢树的个头高到长颈鹿也够不到的时候，它们就放弃尖刺武装了，毕竟生产尖刺也是需要能量的，节约下来的资源可以更多地投入开花结果繁殖后代这些工作上去。当然，即便是个头稍高的长颈鹿也不会固定进餐位置。因为，如果只吃

合欢

一棵金合欢树的叶子，很容易引起中毒。因为金合欢会通风报信。

金合欢含有特殊的化学武器——单宁。在通常情况下，树叶中的单宁含量并不高，毕竟合成单宁也需要消耗大量能量。在长颈鹿啃食树叶的时候，就会释放出大量的乙烯，这些乙烯被金合欢感应到，接着金合欢就会提高叶片中的单宁含量。过量的单宁会影响到长颈鹿的消化系统，降低它们的消化能力，甚至引起死亡。所以，聪明的长颈鹿自然会找新的地方进餐了。

说到挑选食物，还有一个出名的例子，那就是在澳洲的桉树林中生活的动物，可能你已经猜到了，这个动物就是树袋熊（考拉）。桉树叶子是考拉的主要食物，但是并非是棵桉树，考拉都会吃。在澳大利亚分布着300多种桉树，但是考拉仅仅热衷于吃其中的三种桉树的叶子，分别是小帽桉、细叶桉和赤桉。这种现象其实也发生在大熊猫身上，如果可以选择的话，挑嘴的大熊猫就只愿意吃冷箭竹，像毛竹、麻竹这样的竹子根本就不入它们的法眼。

考拉如此挑选食物是有原因的。桉树可以说是将化学防御这件事玩到极致的植物之一。中国南方大片大片的桉树林根本就不需要喷洒农药控制虫害，因为几乎没有动物能解除桉树的防御武器，更不会贸然下嘴去啃食这些植物的叶片。桉树叶片中含有大量的桉叶油，桉叶油中的主要成分 1,8- 桉叶素有着特别的刺激性气味。虽然稀释过后的桉叶油也可以作为香精添

榜葛剌国通过郑和进贡给明成祖的"麒麟"——长颈鹿

加到人类的食品当中，但是在高剂量下，桉叶油仍然是有毒的。对于食草动物而言，桉树叶是种只可远观的能源宝库。相对来说，作为考拉食物的三种桉树中的桉叶油含量远不如柠檬桉、蓝马里桉、辐射桉、丰桉这些应用于精油生产的桉树。

但是，桉树毕竟是桉树，即便是桉叶油含量稍低，但是终归是有中毒风险的。为了应对这种高毒性低热量的食物，考拉的应对策略就是少吃多消化。一只成年考拉每天最多会吃下400克的桉树叶，这仅仅是中国营养学会推荐的一个成年人每天需要吃下的蔬菜总量，但这却是一只考拉一整天的能量来源。

考拉会细嚼慢咽，尽可能地避免快速摄入大量的毒素。所以考拉的进餐时间通常为4~6小时，而吃饭快的人可能一天的进餐时间加起来只有十几分钟。

考拉吃下去的桉树叶，进入胃肠道之后，其中活跃的微生物不仅能将叶片中的纤维素转化为考拉可以吸收的营养，更可以分解其中的毒素，避免中毒。

而考拉的这种做法显然会带来一个问题，那就是必须节能，毕竟所有活动所需要的能量都依赖于这半斤八两的桉树叶。这也解释了为什么考拉总是懒洋洋的样子，因为它们根本就没有多余的能量进行剧烈运动，只能选择慢吞吞的生活。

要说到解毒能力，马铃薯甲虫必然是能数得着的狠角色。1824年，科学家首次在美国落基山脉东坡发现了这种甲虫，

在澳大利亚分布着 300 多种桉树，但是考拉仅仅热衷于吃其中的三种桉树的叶子

谁也没想到这种生活在野生杂草刺萼龙葵上的小小甲虫，最终变成了人类农业生产的噩梦。1855年，就在被首次发现的30年后，人们发现马铃薯甲虫开始啃食美国科罗拉多州马铃薯，并且它们的胃口出奇的好，所有的马铃薯叶片都是它们嘴巴里的美味，如果叶子被啃食得过于干净，它们还会去啃食马铃薯块茎。所到之处如风卷残云，因为最早的危害发生在科罗拉多，所以这种虫子也被称为"科罗拉多马铃薯甲虫"。

此后，马铃薯甲虫每年以85公里的速度向东扩散，1875年传播到大西洋沿岸，并向周边国家传播，相继传入加拿大、墨西哥。19世纪90年代，因为人为因素，传播到欧洲西部的德国、英国和荷兰。通过检疫封锁措施，得到有效控制。

1918年到1920年，又经波尔多进入法国，此后分三路向东扩散，不久在捷克、斯洛伐克、克罗地亚、匈牙利、波兰等东欧国家定居。20世纪50年代侵入苏联边境，60年代传入苏联欧洲部分，1975年传入里海西岸，20世纪80年代继续向东蔓延至中亚各国，于20世纪90年代初传入我国新疆。自此，马铃薯甲虫几乎遍布整个北半球的主要马铃薯产区，成为农田一霸。

对于绝大多数动物来说，马铃薯的茎叶绝对不是什么好食物，因为其中富含以龙葵素为主的生物碱。说这些物质可以让动物闻风丧胆一点都不为过。

首先，龙葵素可以抑制胆碱酯酶的活性引起中毒反应。胆碱酯酶被抑制失活后，乙酰胆碱大量累积，以致胆碱能神经兴奋增强，引起胃肠肌肉痉挛以及神经系统功能失调等一系列中毒症状。

再者，龙葵素还能与生物膜上的甾醇类物质结合，导致生物膜穿孔，引起膜结构破裂。当龙葵素被吸收进入体内后，就会随着血液循环破坏胃肠道、肝脏等体内脏器的细胞结构。高剂量的龙葵素由于其表面活性作用可能会导致红细胞破裂，产生溶血。

所以人吃下含有龙葵素多的食物时，轻则出现口腔和喉咙刺痒的症状，严重者表现为体温升高和反复呕吐而致失水、瞳孔散大、呼吸困难、昏迷、抽搐，如果剂量更高则会因为呼吸系统麻痹而死亡。

但是，对于马铃薯甲虫而言，这些根本就不是问题。因为马铃薯甲虫体内拥有高效的解毒体系。在马铃薯甲虫体内活跃的细胞色素 P450 单加氧酶系统，这类特殊的蛋白质可以促使氧气与有机物结合，从而改变有机物的性质和活性。这个清除的过程，就像在垃圾焚烧厂焚烧垃圾一样，清除有害物质，毕竟燃烧通常也是氧气与有机物剧烈反应的过程，只不过在生物体内这种垃圾处理过程会温和很多。至于细胞色素 P450 单加氧酶系统就像是点火系统，让马铃薯甲虫拥有了可以熊熊燃烧的抗毒小宇宙。

更重要的是，马铃薯甲虫对多种农药都有强大的适应能力，到今天人类手中的大多数农药已经无法对抗来势汹汹的甲虫大军。拟除虫菊酯类农药是用量最多的农药之一，但是对于马铃薯甲虫而言，这些农药几乎已经变成了饮料。就连新型的Bt蛋白（苏云金芽孢杆菌蛋白）类农药在对付马铃薯甲虫的时候也显现出了颓势。

想好好吃植物，用火是人类唯一选择

人类并不能使用上述动物的解决方案。别说是桉树叶子，就是生吃土豆，我们也做不到，因为马铃薯甲虫嘴巴里的美味佳肴，在人类嘴巴里就会变成有毒的食物。即便是吃不发芽和不变绿的马铃薯块茎，其中的龙葵素就已经可以引起我们恶心呕吐的症状了。

更不用说，我们要供给大脑这个高耗能的器官，我们没有办法像考拉那样慢悠悠地嚼叶子，那样的话，就没有办法让大脑正常运转。而解决方案就是尽可能吃热量高的部位，而高热量的部位通常都准备了大量的防御物质，比如我们常见的食物中，碳水化合物丰富的芋头中有草酸钙针晶，马铃薯块茎中有龙葵素，山药中有薯蓣皂苷。

幸运的是，多数植物防御物质都不耐高温，比如土豆中的龙葵素在用210℃深度油炸持续10分钟就可以去除40%，在直接用火烤的状态下，去除的速度会更快。同样的，四季豆中的皂苷和凝集素，山药中的皂苷，以及芋头中的草酸钙针晶都可以被高温破坏。

用火极大地拓展了人类利用植物的能力和范围，很多"生吃是毒药"的植物块茎变成了美味的碳水化合物来源。并且，在火的烘烤之下，块茎中的淀粉经过糊化作用，变成了更容易让人体吸收的精糊，这样就极大地提升了进食和消化的效率。而这种改变毫无疑问推动了人类用火行为的扩展，即便是在动物资源有限的情况下，用火仍然能够帮助人类获得足够的植物性食物。

吃带来的分类启蒙

在用火拓展食物范围的时候，总会碰到一些即便加热也无法处理的植物，比如说长相与芋头非常接近的海芋。这种通常被大家昵称为"滴水观音"的植物（因为叶片有吐水现象），也有硕大的富含碳水化合物的根茎。但是，这种根茎中含有大量草酸钙针晶，吃下去不仅是嘴巴肿的问题，草酸钙针晶会促使喉头和消化道水肿，严重的话会导致死亡。

就在不久前，我在中国农大讲课的时候，被问到一个棘手的问题，如果你在野外碰见一种从来都没有见过的果子，如何知道它能吃不能吃？我的回答是，"让别人先吃"。好吧，这个抖机灵的回答并不能实际解决问题，而要想真正解决这个问题，也不是抱着一本植物鉴定手册，或者拿着一个手机用识花认果 App 能解决的事情。植物的世界远比我们想象的要复杂。我们且不说让一般朋友头疼的界门纲目科属种，单单是花萼、花瓣、花托、果皮这样的词汇就已经让人望而却步了。当然，要想搞清唇形科和玄参科，蔷薇科和毛茛科，十字花科和白花菜科的关系，就更是挑战了。对于大多数朋友而言，依靠植物学知识从世界上挑选可以吃的东西，本身就是个不可能的任务。

但是，有朋友会说了，我压根就没有学过植物学，那我不也是从小长到大了吗？人类在长久生存斗争中选择了相信经验，对陌生的植物抱有戒心。其实在自然界中，动物更是具有这种警惕性。动物幼崽会花费很多时间跟随妈妈学习进食的技巧，哪些植物能吃，什么时候能吃，都是必备的生存技能。就像我们小时候也是跟着很多大孩子，从他们嘴里知道哪些野果可以吃，哪些野草是必须躲开的。

其实，有一些植物身上，明明就写着，我有毒。比如说，在欧亚大陆上分布的茄科植物都是硬茬儿，龙葵、天仙子、曼陀罗没有一个是善茬儿，就连做蔬菜的大茄子生吃起来也是有风险的。恶心呕吐都是轻微症状，搞不好还可能丢了性命。于是，当欧洲殖民者从美洲带回西红柿的时候，大家都没把它当成一种蔬菜，更不是水果。

到今天第一个吃西红柿的段子已经家喻户晓，不仅有郁郁

曼陀罗花

龙葵

不得志的画家试图用西红柿了此余生，也有勇猛的壮汉试图为人类的餐桌事业做出贡献，不仅准备好身后事，还放出公告让大家来围观吃西红柿的壮举，结果把围观的人吓晕了。人类对食物的选择其实是相当保守的，因为有毒。特别是一些有毒家族的烙印是很难被洗刷的。

对食物选择的经验和历史，几乎就是选择可食用植物的经验和历史。敢不敢吃，完全取决于既有食物的经验。

同样是茄科植物的土豆，最初在欧洲大陆的推广之旅更是坎坷。土豆跟番茄一样，都是茄科植物，身上同样扛着有毒家族的标志花朵，更别说它们生长在土地中的粮食，在欧洲的传统观念中，地下可是魔鬼主宰的黑暗世界，在那里孕育的粮食怎么能吃呢？

为了推广这种可以填饱更多人肚皮的作物，法国国王路易十六计上心头，他不仅让自己的皇后带上了马铃薯花环，还让园艺师傅们把优质的土豆种苗种植在自己的皇家花园之中，并且派重兵看守。时间一长，周围的村民对苗圃里的土豆开始心痒痒，总觉得那是国王的宝贝疙瘩。恰在此时国王很配合地撤掉了夜间守卫，于是大家开始了挖土豆，一挖一麻袋的行动。眼见大量的土豆被偷走，国王心里乐开了花。就这样，土豆在法国流行起来，极大地保证了法国的粮食供给。

要说中国皇帝就要轻松很多，在中国，无论是番茄，还是土豆，抑或是红薯，推广之路都要顺畅得多。这大概是我们的

土豆跟番茄一样，都是茄科植物，身上同样扛着有毒家族的标志花朵

祖先一直都在发掘可以吃的东西，即便是不能直接吃的东西，也会用适当的方法把它们处理成可以吃的东西，这件事在云南表现得尤其明显。如果我们有机会深入西双版纳的傣族集市，作为一个植物学工作者会不由自主地倒抽一口冷气，妈呀，这哪里是菜市场，明明就是有毒植物的聚会场所，龙葵，有毒的；苦果，有毒的；海船，有毒的；蕨菜，还是有毒的，更夸张的是还有傣族老奶奶在售卖不知名的果子，按我们的经验，这些通通都是有毒的。为什么当地人没有因为这个吃出问题呢？

其实道理很简单，在生命世界中，动物并不会在一个区域集中觅食，就是因为这会极大增加中毒的风险。所以，即便是吃一种植物，动物们也会换着区域吃。比如说羚羊就不会只啃相邻的金合欢树叶，它们知道，这样做会被闻风而动的金合欢用单宁毒死的。我们人类当然更不会如此。

用淘米水来浸泡蕨菜，通过发酵去除氰化物；用加热焯水的方法，去除杜鹃花中的生物碱；用乱炖的手法来解除四季豆的毒素武装，一切的一切，都是因为中国人不得不这样做。比如，木薯薯皮上的氰化物含量最高，只要在去皮后，浸泡一段时间（以往的做法都是浸泡 6 天以上），就能去掉 70% 以上的氰化物。再经过高温蒸煮，我们就能安全食用了。

不同区域的人都有应对生存环境的生活小妙招，而中国人善于烹饪熟食其实也是有很多必然的原因。

寄生虫，用火附带解决的问题

中国人定居早，5000 年前我们就开始了农耕生活。定居了就得吃饭，人口越来越多，饭不够了怎么办，只能让地里的菜长得更多更好。除了精耕细作，那还得施肥啊。在战国时期，中国人就已经学会了使用农家肥。什么是农家肥？那就是粪便啊。下了农家肥的菜是长得更壮实了，但是问题也随之而来，那就是寄生虫。

出生于 20 世纪 70 年代和 80 年代的朋友一定还对一件东西有印象，那就是宝塔糖，定期吃宝塔糖是为了驱除蛔虫。这些蛔虫就是随着菜和土进入人体的，在人体中又排出虫卵，随着粪便继续去污染更多的蔬菜。解决这个问题有两种方法：一是搬家，暂时离开寄生虫污染严重的地方，等那些虫子因为缺乏寄主都死光光了再回来。二是熟食，把所有的寄生虫都烤死，煮死。对于人口众多的中国来说，方法一显然是不现实的，所以我们只能通过吃熟的来避免寄生虫的麻烦。

大家对熟食有一种错误的理解，那就是熟食能让食物更容易消化。从植物性食物的角度而言，确实是这样。通过蒸煮烤，可以改变植物食材的性质，特别是让难于消化的抗性淀粉，变成容易消化的淀粉和精糊。在接下来的章节中我们会进行详细的讨论，植物是如何影响人类的厨艺发展的。

时代在变，我们今天又回到了生吃菜叶的时代，餐桌上的大拌菜越来越受欢迎。那是因为寄生虫的阴影已经不复存在，化肥替代了农家肥，彻底改变了农田状况的循环，寄生虫再也没有了机会。我们能跟宝塔糖和驱虫药说"拜拜"，在很大程度上还要感谢化肥。我们又回归了生吃的时代。

这些都是后话了。

第三章

吃种子和食物加工，
人类的口味的变化

在中国广西南部的崇左白头叶猴国家级自然保护区，我们有幸观察到世界上最珍稀的灵长类动物——白头叶猴，世界所有的白头叶猴都分布在这个保护区范围内，总数只有 1000 多只，比大熊猫的数量还要稀少。

白头叶猴的长相奇特，头上有一撮白色毛。黑色和白色的身体恰好与岩壁的颜色保持一致，浑然天成，白头叶猴们简直像被镶嵌在石头中一般。如果不仔细观察，很难从远处发现石壁上的猴子。

不过，平时猴子的行为却略显单调，我们观察到最多的行为就是吃东西——觅食或取食行为。从天亮开始整个猴群中大大小小的猴子就在不停地嚼叶子，"这是由于白头叶猴特殊的食性决定的"。中国科学院动物研究所的黄乘明教授对猴子的行为非常了解，"因为白头叶猴主要的食物是树叶，靠这样低质量、低能量的食物过活，就只能多吃多嚼了"。吃素获得的营养供给不足以支持白头叶猴像猕猴那样在森林中上蹿下跳。成年白头叶猴会在静坐中度过一天中的大部分时光。

于是，随行的考察队员的记录本上留下了这样的文字"……18:50 猴子不动……19:10 猴子不动了"。

如果不仔细观察，很难从远处发现石壁上的白头叶猴

进餐结束，稍大些的猴子基本上都躲在树荫下乘凉去了，一来可以隐蔽，二来可以节省宝贵的能量，毕竟从粗糙的树叶中摄取能量可不像我们人类吃大米饭那样简单。只有小猴在嬉戏打闹，那些在树丛间闪现的黄点也成了大家重点观察记录的对象。

如果人类选择与白头叶猴相同的食物的话，我们恐怕也不会比它们活跃多少。因为白头叶猴的食物主要是树叶，虽然它们比考拉要勤快一些，但是有限的热量供给仍然不能供应过大的身体和大脑，这就是为什么白头叶猴总喜欢把家安在峭壁上的原因。因为白头叶猴实在是无法对抗那些掏鸟偷甘蔗的能手——猕猴，拥有更强捕食能力的猕猴在白头叶猴看来就是危险的恶霸。

在上一章，我为大家展示了灵长类动物中，能量供给与体型大小和神经元数量的关系，毫无疑问，人类要想让自己的大脑能够有效工作就必须找到稳定的高质量食物来源。在这个时候，植物种子就进入了人类的视野。

种子是巨大的能源库

作为植物的下一代，种子是个富含营养的部位，毕竟种子要远行，带上必要的营养物质对于长时间休眠，还有未来的萌发都大有好处。当然，也有一些植物不走寻常路，比如说兰科植物。兰科植物的果实都不大，但小小的果荚中却藏着几万、十几万甚至上百万颗种子。这些种子细如尘土，长度一般在0.05~6毫米，宽度在0.01~0.9毫米，很多比人的头发丝（0.08毫米）还细。种子的外种皮内部具有许多充满空气的腔室，进一步减轻了重量。

毫无疑问，抛除种子中的营养储备之后，兰科植物就可以用有限的资源生产出更多的种子。同时，个头细小的种子也会具有一些独到的优势。凭借轻巧的身材，兰花种子一出果荚就可以搭上风这趟免费班车，飘荡到离母株很远的地方。为了具备抵抗恶劣环境的能力，种子的外围包裹了一层致密的细胞，可以防止水分快速渗透。这样，在从"风力班车"下来之后，种子还可以借助水流、动物皮毛"走"到更远的地方。

虽然兰科植物方便传播，但却是以牺牲营养储备为代价的。它们太细小，以至于没有空间来容纳胚乳或子叶这类储藏营养的结构。如此一来，种子们只能自谋生路。它们施展手段，跟真菌拉上了关系，在种子萌发时依靠消化真菌的菌丝为自身生长提供营养。

兰花可以说是植物圈里最特立独行的植物，其他植物大多没有选择如此激进的策略。毕竟这种赌徒行为的结果很可能是满盘皆输。绝大多数种子植物还是会给自己的种子带来足够的营养。

种子的干粮袋

在种子植物中，胚乳和子叶是植物储存营养的两个关键结构。子叶的数量通常是作为植物分类的重要标准，有一对子叶的就是双子叶植物，而只有一片子叶的就是单子叶植物。

在中国人的生活中，最熟悉的植物子叶就是大豆的子叶了。在完全干燥的时候，豆子的细胞像个小圆球。在吸饱了水分之后，就像压缩毛巾那样展开了，那是因为子叶的细胞在吸水膨胀之后从标准的圆形变成了长圆形。绝大多数双子叶植物种子都会将子叶作为储存能量的仓库，淀粉、脂肪、蛋白质，这些在种子发芽过程中需要的物质，通通都塞进去了。子叶的工作并不仅止于此，在植物萌发之后它们仍然会继续发挥余热，为幼苗制造食物。在接触阳光之后大豆子叶会变成绿色，吸收太阳光，进行光合作用。不过，制造能量并不是子叶的专长，很快就会有真正的叶子来接替它们的工作了，那些叶子就叫作真叶了。

在我们平常接触的食物当中，蚕豆、豌豆、芸豆都是典型的双子叶植物的种子，从它们肥厚的豆瓣就能确定它们的身份。

当然，与双子叶植物发达的子叶不同，单子叶植物的子叶很难被人发现。在小麦、水稻、玉米的籽粒中我们都没有见过像豆瓣那样的结构，因为单子叶植物的子叶已经简化成只有数层细胞构成的薄膜，而它们的使命也不再是储存养料，而是充当了养分转运站的角色。那些储藏在胚乳中的营养，会通过子叶转运，供应给发育的胚。而胚乳就是这些植物真正的营养仓库，我们在吃玉米的时候，打开玉米粒的外皮，玉米籽粒会分成两个部分——一小片像月牙的东西和一个像牙齿的硬块，这个"月牙"就是胚，而这个硬块就是胚乳了。通常来说，禾本科植物的胚乳中储存了大量淀粉和少量的蛋白质。

看起来不管是植物的子叶，还是胚乳，这些都是人类祖先完美的能量来源。但是，事实却并非这么简单。

以填饱动物肚子为目标

对于人类祖先而言，不管是非洲的高粱、亚洲的水稻，还是美洲的玉米，没有一个是善茬儿。植物的种子之所以长这么硬，其实是想跟动物搞点暧昧的关系。

在生物界存在完全不同的繁殖对策，有的像海椰子那样，一次只结少少的种子，给种子多多的营养，这种繁殖策略是 K 对策，也叫质量对策。虽然种子少，但是成活率极高。海椰子的种子可以重达 15 千克，相当于一个 3 岁小朋友的

狗尾草

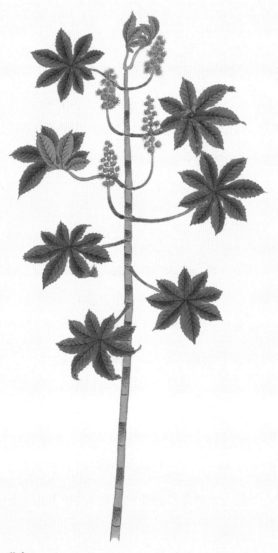

蓖麻

体重。其中的营养物质足以让幼苗很好地生长，同时，海椰子的坚硬外壳也让缺乏工具的动物头疼，并不会是一个好的食物。

而高粱、小麦、狗尾草这样的植物走了另外一条路线，就是以数量取胜，先填饱动物的肚子，再伺机传播后代，这种繁殖策略叫 R 对策，也叫数量对策。就是用数量来取胜，一个高粱穗上有上千粒种子，而一株狗尾巴草可以产生的种子数量高达 8 万粒。即便被动物吃下了一部分种子，总有一些种子会幸存下来。

可能有朋友会问，为什么不在种子里面放毒，这样动物不就不会伤害种子了吗？诚然，在蓖麻、巴豆、海红豆这样的种子里都有毒素，甚至连苹果的种子里面都有毒素，但是这并不是一个轻松的选择。因为生产毒素也需要消耗极大的能量和营养物质，对植物来说未必是个好选择。

况且，对高粱这样的植物来说，它们的心态很矛盾，希望依赖动物的肠胃和粪便帮它们走向世界，又不希望全部葬身五脏庙之内。好在这种选择了 R 对策的生物会用生命努力繁殖，数量压倒一切，吃吃吃，总有吃不完的时候。

但是，即便是选择填饱动物肚子的植物，也并非好惹的善茬儿。

破解淀粉宝藏的手段

　　水稻种子的营养似乎唾手可得，但是事情并没有想象的那么简单。要想获得稻子的营养，首先要做的就是去掉稻子的外壳。

　　今天，我们饭碗里的米粒儿已经不是完整的水稻籽粒。要找一个完整的水稻籽粒，其实也不难，超市和菜市场里出售的紫米就是完整的水稻籽粒。我们喝紫米粥的时候，会感觉到紫米有个稍硬的外壳，那就是水稻的果皮和种皮结合体了。因为给紫米上色的花青素都分布在果皮之上，所以我们吃紫米的时候都是带皮吃的。如果把这层皮脱掉，那紫米就同普通的大米没啥两样了。我们可以尝试把紫米粒用水稍稍浸湿，耐心把这层外皮剥掉，在米粒的一端就会发现一个颜色有差别的乳白色白点，那才是水稻籽粒真正的核心——胚，它们将来会长成水稻的身体。

小麦

　　只不过，对于普通大米而言，果皮和胚都会影响吃米饭的口感，所以在加工的时候都去掉了。我们吃的就是精米，现在有人又说我们该吃点糙米，因为果皮上还有很多维生素，比如维生素 B_2，缺乏这种维生素可能会得脚气病。不过在食物种类丰富的今天，我们完全可以从其他蔬菜和肉类中得到。能尽情开心地享用一碗香喷喷的精致大米饭，大概是我们这些现代人才有的好运气吧。

但是请注意，这是在人类拥有蒸和煮这些烹饪手段之后，才能对付稻米的外皮，而我们人类的祖先最初只能用自己的牙齿来对付这些食物。

一个植物留给我们的印记——智齿。在英文中，这些牙齿的名字叫"Wisdom Teeth"，意思就是代表智慧的牙齿。本身的含义是，在这颗牙齿长出来的时候，这个人已经有足够的智慧了。

这些讨厌的牙齿通常会被大家戏称为"滞齿"，因为这颗牙齿实在是让大家过于痛苦。大约有 70% 的人会受到智齿的困扰，在智齿萌动的时候，不仅会挤占正常牙齿的位置，还会带来刺痛、酸痛等各种花式疼痛。特别是那些横着长的阻生智齿，更是给很多朋友都带来了巨大的麻烦。

要想搞清楚智齿带来的麻烦，还得从我们来自非洲的智人祖先们身上找原因。我们的近亲黑猩猩，什么时候看起来都像是要噘起嘴巴亲嘴，那是因为它们的下颌骨实在太粗壮了。说直白点，就是黑猩猩下巴太宽了。这显然不符合网红锥子脸的标准，但是这非常适合搞定它们的食物。

我们的灵长类亲戚几乎都是吃素的，大猩猩和红毛猩猩几乎是 100% 素食的，黑猩猩的食物中有 90% 都是植物性食物。它们为什么不吃肉？道理很简单，植物不会跑不会跳，摘树叶要比抓动物容易太多，植物性的食物是一种特别稳定的食物来源。但是，植物的防御手段也一点不含糊，且不说那些负责任的化学武器，单单是从植物的营养储藏库里获取营养就不是一件简单的事情。

我们人类可以直接吸收利用的营养就是葡萄糖这样的简单糖类物质，这就好比是汽车里面加注的汽油。但是，植物的叶片、果实和种子里面最主要的营养却是原油一样的。当然需要一套复杂的营养开采系统来处理这些食物。只有嚼得足够细，我们的身体才能吸收其中的养分。人类的祖先没有石磨，不会用火，更不会蒸包子、蒸馒头，他们能做的就是使劲嚼啊嚼，粗壮的下颌就是获取营养的必要工具。

即便工具有力，也有磨损的时候。尽管古人类的牙齿普遍都有更厚的牙釉质层，但是在 20 岁左右的时候也大多磨损殆尽了。所以需要新的牙齿即智齿，而拥有智齿的个体无疑具有更好的摄入营养的能力。

但是需要注意的是，牙齿损耗跟龋齿是两回事儿。龋齿恰恰发生在人类的食物精细化之后，特别是在 19 世纪中叶之后，人类对糖的消耗日益增加，伴随而来的就是严重的龋齿问题。这也是我们祖先的牙齿没有碰到过的挑战。其实人类祖先的牙齿都是为嚼硬东西准备的。

而我们人类，恰恰就看上了数量丰富、来源稳定的小麦，而智齿就是配合此种行为而生的。在牙齿高磨损的压力下，人类在选择压力下"保留"了智齿这个备用器官。

智齿也有吃力的时候

即便是突破了小麦和稻子的外壳，即便我们有发达的智齿，要想从这些籽粒当中获取里面的营养成分也并非容易的事情。因为胚乳中的淀粉处于结晶状态，这是人类的消化系统难以对付的硬骨头，想想生嚼米粒的感觉吧，那绝对不是什么舒服的事情。就算你能忍受生嚼米粒，并且用自己的智齿把米粒磨得足够细小，我们的肠胃仍然无法消化这些碎米粒，因为生米粒中的淀粉并不是容易消化的淀粉。

可能有朋友会想到，不都是淀粉，结晶和不结晶，怎么就不一样啦？

那是因为同样的化学物质在结晶和非结晶状态下，生物化学性质相去甚远。举个例子，在结晶状态和非结晶状态的物质性质是完全不同的，最典型的就是水，只有液态的水才是生命所需要的状态，如果在低温下变成冰，生物的生理活动就被打断了。所以说这个世界上最干旱的地方不是撒哈拉沙漠，而是南极点，因为在这里几乎所有的水都是冰，生物根本无法利用这些水资源。

好了，我们再说回到淀粉身上。淀粉是一种特殊糖类物质。虽然没有像蔗糖和葡萄糖那样甜蜜的滋味，但作为能量储备，淀粉具有更高的稳定性，不容易腐坏，适合长时间储存，帮助种子撑过困难的时间。蔗糖之于淀粉，就像豆腐之于干豆皮了。与此同时，为了提高储备能力，植物体内的淀粉都是以结晶状态存在的，这样不仅可以增加在单位体积内的储存量，也给动物摄取能量制造了障碍。

但是靠牙齿来解决问题，终究不是一个完美的解决方案，毕竟更多的咀嚼时间就意味着降低在单位时间内的能量获取效率，这样就会影响对大脑的能量供给。

所以想要吸收淀粉中的营养，那就需要让淀粉结晶伸展开来，特别是让支链淀粉伸展开来。淀粉晶体在高温下，也会跟水拉近关系，变成黏糊糊的一团，这个过程叫作淀粉的糊化。千万不要小看这个过程，这可事关消化效率。

虽说所有淀粉都是由很多很多个葡萄糖分子组成的，但是样子却不一样，有的就像一条丝线，平平顺顺，这样的淀粉叫作直链淀粉；而有的淀粉则像大树一样，枝枝杈杈非常多，这样的淀粉叫作支链淀粉。树枝一样的支链淀粉容易跟水分子搅和在一起，变得黏糊糊的。

人体对淀粉的消化过程与大多数朋友想象的不一样，并不是像粉碎机来粉碎食物，把淀粉妥妥地变成葡萄糖分子；更像是从珍珠项链上取下珍珠，只能从有端点的地方开始取。那么淀粉糊化的过程，就是暴露"端点"的过程。所以，淀粉的端点越多，那么消化起来就越容易，支链淀粉要比直链淀粉更容易。而直链淀粉不仅自身较难消化，还会与支链淀粉结合形成结晶，影响后者的消化率。

在加热米粒的过程中，直链淀粉伸展开来，暴露出支链淀粉，让淀粉食物处于好消化的状态。当温度下降的时候，很多直链淀粉就要跟水分子说再见了，再一次回到原本的状态，就好像大米还是生的一样，于是人们给这种现象取了个很形象的名字——回生。那些放在冰箱里冷藏过的大米饭硬硬的，就是因为回生了。

还有一些淀粉比较过分，在食物中总是处于结晶状态，动物的消化系统对此也是无可奈何。在营养学上，这样的淀粉被称为"抗性淀粉"。当然，抗性淀粉含量在烹调前后存在巨大差异，比如，刚煮熟的土豆中含有的抗性淀粉占总淀粉含量的4%左右，但是在冷却之后，这个比率会上升到20%，这就是吃冷饭容易导致消化不良的原因之一。

这也就不难看出，人人都喜欢吃一口热乎饭的原因，特别是以碳水化合物为主食的情况下，大家都喜欢热餐。究其根本来源，只是为了提升摄取能量的效率，这个生活习惯就一直延续了下来。

粳米、籼米和糯米

附带说一下粳米、籼米和糯米的关系。粳米是米粒圆乎乎的大米，在北方种的比较多，特别有代表性的就是东北大米了；而籼米则是长粒米，南方的大米大多是这个样子的，其中的代表就是泰国香米了。至于糯米呢，虽然经常被单独拎出来说事儿，可它并不是与粳米和籼米对等的第三个品种的米，只不过是有软糯特征的粳米或者籼米。所以糯米真正对应的是普通的非糯性的大米，不管是粳米还是籼米其中都是会有糯米的。

吃糯米制品的时候，"不能吃太多，否则会不消化"，是大家经常说的一句话。据说糯米里面的油脂含量更多，所以更难消化，那些油光发亮的糯米好像真的是这个说法的有力证据。可事实恰恰相反，糯米中的脂类物质含量仅为 0.21%，普通粳米中含量可以达到 0.55%~0.66%，籼米中的含量更是可以达到 0.65%~0.80%，

粳米

糯米

都远远高于糯米。可是，糯米吃多了确实感觉饱的时间会更长，这难道也是错觉吗？

饱是一种真实的感觉，这种感觉通常与我们血液中的葡萄糖含量有关。当这种糖的含量上升到一定水平的时候，我们的大脑就感觉到"饱"了。而我们在吃糯米和普通大米的时候，血糖的变化是不同的。糯米中的支链淀粉容易被分解，所以血液中的糖应该上升得快，因此更容易有饱腹感。与此同时粽子通常是冷吃，有些淀粉已经回到了结晶状态。还有一点就是，像年糕这样的糯米制品通常经过捶打成团，我们的胃很难将其分散，这也是不容易消化的原因。

面粉的出现也是为了吃

蒸煮米饭这件事的出现已经是在陶器出现之后的事情了。同时，我们应该注意到这种处理方法能够对付的也只是水稻和小米这样的籽粒。对于小麦这样的籽粒，单纯的水煮并不是一个完美的解决方案。实际上，小麦在秦汉时期就传入中国，但是直到唐朝，才真正取代小米成为中国北方的主食，其中一个关键的原因就是如果不把小麦籽粒磨碎的话，我们很难烹调出易于快速进食和消化的食物。

要想让小麦这样的籽粒变成合适的食物，最好的方法就是把籽粒磨碎。2015 年，意大利佛罗伦萨大学的科学家在意大利南部发掘了一块石板，这块石板还残留着一些燕麦淀粉结晶。经研究发现，这块石板的主人大约 3.2 万年前使用它来磨碎燕麦，显然是为了更好地吃下这些籽粒。

研究者在显微镜下还发现了出现膨胀、糊化迹象的淀粉颗粒。这提示，古人们在研磨这些谷物之前曾对它们进行过加热处理。研究者指出，加热可能是为了让新鲜谷物更快干燥，同时方便研磨加工。

这块石板的发现，将人类制造面粉的时间向前大大推了一步。可以说，人类祖先在还没有锅碗瓢盆这些厨具的时候，就已经在制造面粉了。而制造面粉的目标正如上文所说，就是为了更好地获取禾本科作物籽粒中的能量。

随着烹饪加工技术的提高，我们的食物越来越精细化。像宇航员吃的食物几乎都不需要咀嚼，也可以消化吸收，这个时候，发达的下颌骨就显得多余了，再加上人类在直立行走之后，枕骨大孔，也就是连接大脑和脊柱的空洞从向后开口，变成了向下开口，也在很大程度上影响了下颌的位置，最终的结果就是，人类拥有了所有灵长类动物中最纤细的下颌骨。下颌骨的缩短再加上不用磨损和脱落的牙齿，本来宽松的牙齿的生长空间不够了，在这种情况下，智齿就成了更为麻烦的事。于是智齿就成了不折不扣的痕迹器官。

植物迫使人类开发出了加工食物的工具，而加工食物的工具又促使人类的形态改变，进一步推动了新工具的出现，而新的工具又推动了新的食物资源的开发。这个循环一直都在进行中，只是人类形体的变化已经跟不上技术的变革了，于是在身上留下了很多演化的遗迹。

我们为什么还留着智齿

除了智齿，其实在人类身上还保留着很多吃植物留下的痕迹器官，比如说，让人讨厌的阑尾，那就是。在兔子身上，这个器官可是相当发达，充当了草料发酵罐。它可以帮助牛、羊、兔子来消化吃下去的草料，包括我们的灵长类亲戚猕猴都有这样的装置。更神奇的是，盲肠居然还有自己的味觉，它们知道自己容纳的食物是好食物，还是坏食物。在绿猴的盲肠上存在有和舌头同等数量的、能够感知苦味和甜味的蛋白质的味蕾，从而判断自己是不是吃下了足量的食物。但是在人类身上，盲肠不仅被废弃了，还变成了一个只会惹麻烦的痕迹器官。这也是因为我们的食物主要从叶子变成了种子。

那么，为什么人类不能彻底抛弃这些痕迹器官呢？不可以，那是因为现代智人的历史真的很短。虽然我们有两三万年的历史，一万年的文明史，但是相对于生物演化而言这不过是短暂的一瞬。地球诞生到现在已经有 46 亿年，最早的生命的诞生已经有 38 亿年，植物诞生已经有 4.6 亿年，就连蟑螂也在地球上生活了超过 2 亿年，智人的历史只是漫长演化天幕上的闪电一瞬而已。这一点点时间，还不足以让我们的身体发生巨大的改变。

因为医疗条件的改善，自然选择的力量已经被极大抵消了。我们可以通过手术拔出惹麻烦的智齿，切除罢工的阑尾。更有甚者，可以通过剖宫产的手段，来帮助大个头的婴儿来到这个世界上。这种做法带来的结果，就是智齿并不成为影响生活的好条件或者坏条件，它就像我们的耳垂一样，无所谓有也无所谓无，并不会影响我们的吃饭喝水睡觉，也不会影响我们选择配偶，大耳垂和小耳垂的人都有同等的获得后代的机会，当然长智齿和不长智齿的人也有同等的遗传自己基因的能力。这么看来，智齿，这个麻烦的同盟还要跟随我们很久很久。

看到这儿，你一定已经发现，烹饪手段的起源只是为了把食材吃下去，而不是为了让食物更美味。毫无疑问，将米粒煮熟，把麦粒磨碎都是一个有效解决问题的方法。然而，人类碰到的营养问题并不仅是淀粉的问题，如何找到有效的蛋白质供给也是人类需要解决的问题。

把大豆做成豆腐，这手艺有门道

对于人类而言，蛋白质是不可或缺的营养物质，因为我们有一个比其他生物都大得多的大脑，为了维持这个器官的正常运转就需要大量的蛋白质。如果蛋白质摄入不足，会影响人类大脑的正常活动。

在非洲的很多以木薯为主食的地方，有大量的低蛋白血症患者，长期缺乏蛋白质不仅会影响儿童的正常生长发育，甚至会引发大脑萎缩。吃木薯就只能聊以果腹了。100 克的新鲜木薯里面有 38 克碳水化合物，但是蛋白质只有 1.4 克，至于说脂肪简直可以忽略不计了，果腹是可以的，但是对于长期保持营养健康状况就是大问题，缺乏蛋白质必然会影响正常的生理活动。

而对一个帝国、一个文明而言，蛋白质更是不可或缺的营养，足量的蛋白质供应是人类聚集成文明体系的基础。纵观人类历史的发源地，恰恰都出现在了有稳定蛋白质供给的地方。戴蒙德在《枪炮、病菌与钢铁》一书中，详细分析了不同区域的蛋白质供给模式，比如说西亚的巴比伦王国有牛，北非的埃及有骆驼，南美洲的玛雅人有羊驼，都能提供足量的肉食。

但是中国所在的区域恰恰没有稳定的、可以被驯化的、提供大量肉食蛋白质的动物。喂鸡、喂猪、喂狗都需要消耗大量

骆驼是埃及人蛋白质供给的重要来源

的粮食，并且在烹饪不发达的时候，这些肉类还潜藏着巨大风险。还好，中国人有大豆。或者说是大豆选择了中国人作为自己基因传递的帮手。

豆子好处很多，产量高、品质好、营养全面，但是为什么直到今天，西方人也很难接受豆子和豆制品。两大缺陷横亘在大豆和餐桌之间，那就是豆腥味和吃了放屁。

在大豆种子中储存着很多大豆磷脂，这种物质也是大脑所需要的营养物质，被许多保健品生产商奉为圣物。豆制品的豆腥味儿恰恰来源于此。当大豆细胞破碎，其中的大豆磷脂会跟氧气搞在一起，产生一些奇奇怪怪的醇醛酸酯，于是本该纯洁的豆浆和豆腐都染上了一股浓浓的豆腥味儿。

相对于豆腥味，吃豆子面对的更大问题，其实是放屁。没错，大家可能都有过这样的经历，那就是在痛饮啤酒和狂吃五香毛豆之后，开始了自己的排气之旅。在课堂，在办公室，在公交车上，那样的尴尬不是谁都能承受的。

那么吃豆子为啥那么容易产气呢？古代的西方人对吃大豆放屁有着特别的传说。大豆在土壤里生长的时候会吸收灵魂，这些灵魂就被困在了大豆籽粒之中。在大豆被人吃下去之后，灵魂就从破碎的豆粒里钻了出来。于是，豆子里面的灵魂就开始寻找出口，走上不行走下路，钻出去的时候带出的响动，那就是屁了。

好了，实际上并没有那么恐怖，那不过是大豆多糖被肠道细菌分解成甲烷的结果。甲烷是啥，我们用的天然气的主要成分就是它了。

于是，中国的解决方案是把豆子做成豆腐去除其中的一部分多糖，再者，通过发酵再去除一部分多糖，吃豆腐终于变成了一件相对安全的事情。

传说，淮南王刘安是豆腐的发明者，因为此人喜好炼丹。在秦汉时期，炼丹可是广大王公贵族朋友的重要养生和娱乐活动，其实就类似于我们在化学实验室里做的事情，把不同的化学物质混在炼丹的器皿里。不承想，把豆浆和卤水混在一起，于是豆腐就这么诞生了。再一吃，发现吃豆腐比吃黄豆要舒服得多。为啥，因为有很多大豆多糖在做豆腐的过程中被去除了，吃豆腐吃得开心多了。

后来又有了更惊艳的发现，那些长了长长白毛的毛豆腐也是可以吃的，不仅因为发酵带来了更足的鲜味儿，更重要的是里面的大豆多糖又被进一步分解了，吃油煎毛豆腐比豆腐更是爽快。

在毛豆腐的基础上，加上做豆豉的腌渍手艺，最终搞出了臭豆腐，这种易于储存，又下饭，还能帮助人体补充蛋白质和盐分的食物。最最最重要的是，吃臭豆腐，再也不用担心肠胃产气了，只是多了口气，吃完以后需要去刷牙漱口了。

好了，你说臭豆腐已经把这个问题都解决了。但是西方人为啥仍然不喜欢。因为豆子有腥味儿。通过去除大豆磷脂可以得到纯的没有豆腥味儿的大豆蛋白。

对苦味的认同感

　　东西方人的口味差别还集中表现在对苦味的认知上，这点也与植物直接相关。在《中国食物·水果史话》中，我就曾经分析过这个问题。相对来说，中国人对于苦味的警惕性会比较高，复旦大学现代人类学教育部重点实验室的李辉博士的研究证实了这个观点。中国人群与世界其他人群相比，在"TAS2R16"基因上出现了明显的变化，也就对苦味有了更为敏感的体验。这个改变出现在距今6000年到5000年前，那正是从渔猎向农耕转变的关键时期。由于农作物带来的人口增长，田中的粮食很难满足所有人的需求，所有可以吃的植物都被列入了临时食谱，而那些对苦味敏感的超级味觉者能够更好地避开有毒植物，存活下来。巧合的是，神农尝百草的故事也诞生于这个时期。所以

莴苣

这样的变化是有道理的。虽然今天的中国人早就不会为吃饱肚子发愁，但是写在我们基因里的味觉偏好还没有改变。

在西方的食谱中，水果本身就是食物的重要组成部分，是重要的维生素、矿物质的来源，更是酒精的重要来源。但是，水果并不是主要的碳水化合物来源，这样就使得，西方人对水果的甜味感触并不明显。与此同时，在西方的传统蔬菜中，苦味又是重要的味道，莴苣、菊苣和甘蓝都带有明显的苦味，长期的饮食习惯也导致了对苦味不再敏感。对苦味没有戒心的西方人自然会接受那些带有苦味的水果了。

东西方人对水果赏味标准的差异最集中地表现在西柚这种水果上，这种被西方人爱到不行的天堂之果，在中国却只有很小的市场。实际上，人类的口味会随着食物构成的变化而改变，今天的中国人已经习惯了咖啡的苦味，习惯了巧克力的苦味，在未来，对于水果的赏味标准也可能会发生改变。再加上发达的物流和国际贸易，各地饮食习惯的界限正逐渐模糊。世界各地人类的口味正趋向统一已经是必然趋势。

今天人类对与烹饪的认知已经进入分子甚至原子水平，但是很少有人会意识到，我们的口味和我们的基础厨艺早在数万年前，甚至数十万年之前就已经被植物设定好了。

第四章

谁留住了谁?
老家和作物

我还清楚地记得 2007 年 3 月 29 日，天是多云的天，我和一个女生来到北京市朝阳区一个不起眼的小楼里面，从包里掏出身份证和户口本，在一番审核、拍照之后，我们拿到了两本双生子一样的证书。对，这就是我同妻子去领结婚证的整个流程。在这个流程中必须有两个证件，那就是身份证和户口本（卡）。

　　今天，在中国一岁以上的小朋友就可以申领身份证，而大部分青少年大概是在初中毕业之后才申领了身份证。但是，从上小学开始，我们就开始使用一个证件，后来上中学，上大学，结婚，买房子，生孩子都要用到这个证件，这个证件就是户口本，一个证明自己身份的文件。

　　在户口本上有一栏叫籍贯，也就是我们通常所说的老家。随着社会经济发展，人口流动性增大，我们对老家的感情也在逐渐发生变化。比如说，我儿子的籍贯仍然是"山西平遥"，但是从出生至今他只去过一次这个地方。但毫无疑问的是，在中国古代数千年的发展进程中，籍贯是一个非常重要的概念。老家是哪里的？这个问题的答案决定了一个人被一群人接纳的程度。

人为什么有老家？这本身就是一个值得探讨的问题。而有老家的基础就是在一个地方长时间地定居生活。这对今天的人来说，定居是个习以为常的生活方式。但是，对于从非洲一路走来，追逐猎物穿过欧亚大陆，进入美洲大陆的人类祖先而言，突然选择一个地方盖起窝棚，不再迁徙，并不是一个自然而然的结果。

我们的人类究竟是为何定居下来不再迁徙，定居一定是件美好的事情吗？这还得从植物身上去寻找答案。

定居的代价

在之前的人类学家看来，人类定居是为了获得更充足，更丰富的食物——通过耕种作物和饲养牲畜可以获得稳定的食物供给。简单来说，就是农民比猎人吃得要好。但是在最近几十年的研究中，新发现的诸多证据彻底推翻了上述理论，早期农民的营养水平显著低于同时代的猎人和采集者。

通过对现有的仍然处于采集和狩猎阶段的人群营养来源分析，科学家发现，渔猎采集方式不仅可以获取更多的能量，并且在营养搭配上也显著优于原始农耕群体。早期农民只能依赖有限的食物生存下来，多数人就只能吃到小麦、水稻、玉米和马铃薯这类单一作物。吃肉对于这些早期农夫而言是一件极其奢侈的事情，并没有足够的粮食来喂养动物。

反观狩猎采集的人群有着更为丰富的，来自植物的嫩叶和浆果、来自动物的肉和蛋，再加上各种蘑菇（可食用真菌）都会出现在他们的菜单之上，蛋白质、脂肪、碳水化合物以及各种各样的维生素供给充足。

很多考古证据都为上述研究提供了佐证，那些最早进入农耕阶段的人群，大多营养不良，同时牙齿的磨损程度也非常高，这都是作物单一化惹的祸。

更麻烦的是，农夫的工作时间并没有因为耕种缩短，反而大大加长了。在《人类简史》中，作者列举了不同生活状态下人们的平均工作时间，发达国家的平均工作时长为每周40~45小时，发展中国家工作时长为每周60~80小时，而在卡拉哈迪沙漠中从事狩猎采集活动的人，每周只需要工作35~45小时，尽管沙漠中自然资源已经是相当贫瘠了。但是狩猎采集人群所享受的休息时间显然要比那些选择农耕的人员悠闲得多。

换句话说，最早的农耕人群其实是主动选择了一种近乎自虐的生活方式。

那么为什么还有人愿意选择定居生活呢？

答案仍然是效率。在特定的生活环境中，选择农耕生活会提高生存下去的概率。而促使人类停下脚步的仍然是植物。

热量供给，稳定压倒一切

在上述对比中，研究者其实忽略了一个最关键的因素——食物提供的时间特点。是不是出门就能采集到美味浆果？是不是上山就能捕获野兽？这对人类生存其实是一个巨大考验，如果存在获取食物的空窗期，那会带来极大的风险。

到今天，地球上仍然有一些以采集和渔猎为生的族群，不过他们大部分都生活在热带区域，或者毗邻海洋的地方，当然也有一些生活在温带区域的人群，他们所需要的山林面积非常大。其实道理很简单，要想稳定地过狩猎采集的生活，就需要大量的资源支持，或者说需要人均占有一定面积的森林、草原或者海洋，并且这些区域一年四季都能提供稳定的热量来源。

在生物多样性最高的热带区域，只要记住不同区域果实成熟的时间，了解不同动物的生活特点，并有效地利用每一种自然资源，就能在其中安居乐业。如果我们去观察西双版纳的傣族饮食就会发现，很多微毒的植物（比如紫葳科的海船）也会纳入食谱当中，这就是全年物产丰富的热带雨林在局部和短时间内会表现出资源稀缺的特性。

至于说，一些温带区域没有过多的动植物资源，但是大量的海洋生物为人类提供了生存基础，再加上一些驯养的食草动物（驼鹿等），完全可以满足猎人们肚皮的需求。于是因纽特

凌霄（紫葳）

人在这些地方很好地生存下来。

除了上述典型的自然资源丰富的区域，地球上还有很多四季分明，并伴随有极端天气的地方。以上做法的弊端就显现出来了。与吃不饱肚子相比，完全吃不上饭的风险更大，对繁衍的影响也更大。对于包括人类祖先在内的所有生物而言，好死不如赖活着，是需要遵循的金科玉律。我们会在自然界看到很多不合理的设计，但是这种设计通常也与低风险紧密联系。

并且，当人口不断增长时，在一段时间内的稳定食物供给就会出现问题，即便是庞大的兽群可以供应充足的蛋白质和热量，但是如果兽群存在迁徙的特性，那么在没有兽群的情况下如何满足食物需求，更不用说因为特殊气候，兽群推迟到来的情况了。所以，人类祖先就追逐着兽群穷追猛打，一路冲过白令陆桥，进入美洲大陆，然后又一路向南把大地懒之类的巨兽通通变成了烤肉。

那么有什么比一种稳定的，可以长期储存的热量来源更有吸引力呢？而自然界恰恰就存在这样的选项，那就是植物的种子。在之前的章节里，我们已经分析了植物种子在塑造人类历史中发挥的一些作用，比如使用火让营养更容易吸收，成为稳定的热量来源。大量的植物籽粒显然对人类具有极大的吸引力。

早期的人类会发现有些地方会定期长出谷物，并且那些不小心撒掉的谷物也会长出幼苗，这相当于为人类祖先提供稳定的食物供给，于是选择与这些谷物相伴生活，再通过人为手段

（拔草）帮助它们战胜其他植物，获得更多的籽粒，不就能解决温饱所需了吗？

但是，人类的意愿只是促使定居行为出现的必要条件之一，并不是充分条件，人类之所以开始定居，真正的原因还在植物身上，是植物的诱惑让人类变成了今天的样子。人类的定居是以不出家门的种子为基础的。

要远行的种子和辛苦的采集人

去马来西亚旅行，最不能错过的活动就是吃榴莲。在马来西亚，吃榴莲有讲究，最好吃的榴莲应该是树上成熟，自然跌落的，而且要在跌落之后的 12 小时之内品尝才能尝到真正的榴莲美味。

在雨林中，整个树冠层都是密密匝匝的叶片，每一棵植物都在努力寻找自己接受阳光的空间，并没有为开花结果预留太多的空间。并且雨林中的树冠层离地面实在太高了，并不利于动物为它们传播花粉和种子。所以，很多雨林植物选择在粗大的主干上开花结果，像榴莲、波罗蜜和多种榕树都是如此。

老茎结果带来了一个好处，就是可以容忍果实长得很大而不把枝条压断。所以我们看到的榴莲长度可以达到 30 厘米，直径可以超过 15 厘米，这样的果实无论如何是无法挂在细细的枝条上的。更不用说波罗蜜的巨大果实，有些波罗蜜的巨大果实可以长达 1 米, 直径超过 30 厘米。

别看榴莲和波罗蜜的果柄都很粗壮, 但是在它们成熟的时候, 整个果实都会跌落到地面。还好这个过程通常发生在夜间和清晨, 再加上榴莲果园中很少有人游逛, 所以榴莲伤人的故事也不多见。尽管如此, 我走过榴莲树的时候也会不自觉地瞟几眼头顶的榴莲。

果熟榴莲落是榴莲传播种子的必经阶段, 毕竟像红毛猩猩这样身手矫健的榴莲爱好者在雨林中并不多, 只有把成熟的榴莲果子扔到地面, 其中的种子才有可能被动物连同果肉一起吞下去开始自己的旅行。

榴莲选择在粗大的主干上开花结果, 老茎结果带来了一个好处, 可以容忍果实长得很大而不把枝条压断

几乎所有的中国小学生都会学到的一篇课文——《植物妈妈有办法》——苍耳妈妈给孩子的带刺的铠甲，可以挂上动物的皮毛去远方旅行；蒲公英妈妈给孩子准备了降落伞，只要有轻轻的微风，孩子就可以远走天涯。其实，当植物种子成熟的时候，它们的植物妈妈们会迫不及待地把孩子们扫地出门。我们很熟悉的一个词语叫瓜熟蒂落，就是说当植物果实完全成熟的时候，就会自然而然地脱离植物体，让植物种子去进行一场奇妙的旅行。

苦瓜传播种子的行为很特别，当苦瓜的种子没有成熟的时候，苦瓜的皮是真的苦。这其实是在警告那些打算偷嘴的动物，别来骚扰我们的种子。等到苦瓜种子都长大了，有了硬硬的种皮外套之后，苦瓜就会换上另一副面孔。成熟的苦瓜的果子会裂开，并且还会给每个种子准备一个红红的、甜甜的、多汁的外套，那些喜欢吃甜食的鸟儿真是不能放弃呀，于是苦瓜种子开始搭乘鸟儿们的双翅，去旅行了。

与苦瓜同属于葫芦科成员的喷瓜就更不用说了，这种植物的果实在成熟之后会发生变化——果肉会变成液体，整个果子变成了一个压力包装。只要有轻微的触动，果实就会与果柄分离开，种子就会随着液态果肉喷洒出去。

至于禾本科的作物就更不用说了，通常情况下，成熟一粒脱落一粒，成熟一批脱落一批。这就带来一个非常麻烦的问题，作为一个采集者在选择一个适当的时候去采集就成了麻烦事

苦瓜

蒲公英

儿。如果将就着每天去收获一点，收集者所付出的热量成本很可能要多于收获所得收益。

直到今天，我们仍然会碰上这样的麻烦事儿，那就是绿豆。熟悉菜市场的朋友一定会感受到，绿豆的价格要比黄豆、芸豆、花生豆高出不少。这种差异并不来自产量和种植难度，而是来自绿豆的采摘特点。为了便于储藏，农夫必须在完全成熟的时候采摘绿豆，但是绿豆一旦成熟豆荚就会炸

绿豆

裂开，豆子落地之后就无法收集了。更麻烦的是，即便是同一个绿豆植株，不同豆荚的成熟时间也不尽相同。收获绿豆并不能像收获黄豆那样使用大型机械，而必须依靠人工细细挑选，这就是绿豆价格高昂的原因之一。

对于人类祖先而言，那些随时脱离植物母体的种子是没有价值的。

还好，有一些对孩子不离不弃的植物妈妈，它们的籽粒在成熟之后很难脱落，这样的变化给了最早的农夫以定居的机会。

留在枝头的种子，促使人类定居下来

世界上的禾本科植物超过 1 万种，为什么人类单单选择了水稻、小麦、谷子、大麦、燕麦、黑麦和玉米这寥寥数种植物。虽然这些作物籽粒的口味、大小和产量都不尽相同，但是它们有一个共同的特征，那就是成熟之后的籽粒都会老老实实地待在谷穗之上，正是这个特性促成了原始农业的诞生。

大麦

正如前文所说，野生植物妈妈们都在费尽心机传播自己的种子，野生稻也不例外。它们的种子成熟时，便自动脱落，顺着水流漂荡到很远的地方开疆拓土。但是这显然不是人类喜欢的特性。在长期的采集过程中，一些谷粒愿意留在枝头的水稻被我们的祖先注意到，从此开始从选择落粒性降低的角度对水稻的驯化过程。

2015 年，中国科学院国家基因研究中心的韩斌研究员和他的博士生周艳、吕丹凤及其他研究人员，将野生稻 W1943 的第四号染色体导入栽培稻广陆矮 4 号体内下，得到了表现出极易落粒的水稻材料 SL4。之后，科研人员利用辐照育种技术对 γ 涉嫌照射 SL4 水稻。在这些突变的水稻中，出现了两个完全不落粒的突变体 shat1 和 shat2。这两个突变体都不能形成离层，因此种子成熟后需要很大的拉力才能将种子从小枝梗上分离。SH4 促进 shat1 在离层的表达，反过来 shat1 也起到维持 SH4 在离层表达的作用，二者在离层的共同持续表达对于离层的正确形成是必需的。qSH1 作用于 SH4 和 shat1 下游，通过维持 shat1 和 SH4 在离层的持续表达，从而促进离层的形成。

这个研究使用了一种巧妙的寻找落粒抑制突变体（Suppressors）的方法，来发现新的水稻落粒调控基因，并同时与已知的落粒调控基因联系起来。人类对于水稻落粒基因有了新的认识，而正是类似的基因突变，让谷粒留在了稻穗之上，也最终留住了人类，让人类成为这些植物的服务供应商。

人类肤色的变化

公元前 716 年，埃及人迎来了他们的新法老。一样的穿戴，一样的威严，与之前的法老别无二致。但路旁迎接法老的人群一眼就能看出新法老的特征，这位法老的皮肤是黑色的。来自努比亚的新法老开始了埃及历史上的第二十五王朝，这也是古埃及历史上唯一一个由黑皮肤统治者管理的王朝。

传统的观点都认为，人类肤色的不同，这是为了适应不同区域日照强度的结果，说得再直白一点，就是涂上了不同指数的色素防晒霜。人类皮肤中的黑色素是对抗阳光中紫外线侵袭的绝密武器。

我们的近亲黑猩猩，其实拥有白皮肤。那是因为浓密的毛发充当了它们的防晒霜，而人类在演化过程中抛弃了毛发，结果就不得不依赖黑色素来抵御赤道附近的阳光。直到今天，在赞比亚、中非共和国这些地区，当地人的肤色仍然非常黑。

在3万年前，当我们的智人祖先离开赤道，奔向高纬度地区的时候，大家都是一身的黑皮肤。随着人类的足迹逐渐延伸到了北方的高纬度地区，日照强度越来越弱，太阳越来越温柔。防晒也就不是一个需要解决的问题了，那肤色就随意吧。如果真是如此解释的话，那拥有的深色皮肤并不会消失，就像我们不需要的阑尾依然如影随形一样，最终深肤色变成了一种痕迹器官。

但事情并没有这么简单，肤色不仅仅影响的是防晒的问题，还有维生素D的合成问题。这种维生素对于人类的发育，特别是骨骼生长有着不可替代的作用。有的学者认为，人类之所以变白，就是为了获得足够的维生素D。但是，这个解释依然很牵强，因为食物中含有大量的维生素D，即便不晒太阳，也不会缺乏维生素D。说到底，人类肤色转变的主要原因是，人类在小麦的引诱下定居了下来。

通过分析人类肤色基因，科学家发现在距今 1.9 万—1.1 万年之前欧洲人的皮肤才终于变白，而在美国《科学》杂志（Science）上的另一篇论文更是把这个时间定在距今 6000 年～5300 年前。这个时间恰恰是农业起始，人类从猎人变为农民的时代。

很多朋友可能有这样的错觉，农民有固定的收成，猎人打猎靠运气，那农民的餐桌自然要比猎人的餐桌更稳定，食物也更丰富。但是实际情况恰恰相反，早期的农民都是看天吃饭，不仅没有稳定的收成，收获的粮食也非常单一。就在猎人们吃着炖山鸡、烤野兔，品尝野果子的时候，早期的农民们只能想办法把麦子粒做得更好吃一点，以便能吃得下去。

更麻烦的事儿接踵而来。食物的单一化，特别是动物性食物的匮乏，导致早期农民极度缺乏维生素 D。还好，上天给了我们一个备用的解决方案，就是晒太阳。只要皮肤接触阳光，就能生产出维生素 D，于是这些农夫人群的肤色开始变得越来越淡。

说到底，人类肤色转变这件事，背后的导演竟然是以小麦为首的粮食作物。农耕营养不良，缺乏维生素 D 才是导致人类祖先肤色转变的真正原因。

时至今日，我们的食物再次呈现出多样的特点。而较深的肤色，恰恰能提供比白皮肤更多的保护。在不同肤色人群中，皮肤癌的发病率有着显著差异，特别是那些红发色的朋友更容易患上皮肤癌，因为他们体内缺乏阻挡紫外线的真黑色素，只有替代品褐黑素。

黄种人在晒太阳的时候，真黑色素和褐黑素是同时增多的，虽然我们会变得黑不溜秋，但是与那些出现小麦色皮肤的白种人相比，患皮肤癌的概率却小得多。你说到底谁幸运呢？

另外，有朋友担心过度防晒可能会影响维生素 D 合成，其实这个担心是多余的，极大丰富的食物中已经可以提供大量维生素 D，再加上一些规律的日常活动，就不用担心会缺乏维生素 D。

随着人类食物构成和加工方式的改变，我们的身体也在不断发生调整。最典型的表现还有脚气病——这种因为缺乏 B 族维生素导致的疾病。

如果说高蛋白大米是营养升级版，那糙米就算得上是营养找补版吧。这个糙米能有多少营养呢？很久之前，我听外婆讲过一个故事："有一个孝顺的媳妇，独守空闺，伺候着她的婆婆；这个善良的女子每天都煮米饭，然后把米捞给婆婆吃，自己只喝汤。结果是，婆婆变得骨瘦如柴，而媳妇却是容光焕发。"于是，我很听话地把小碗里的米汤都喝干净。现在想来，这对婆媳应该是第一对 B 族维生素摄入实验的对照组，并且得出了可靠的结论。水溶性的维生素 B 对人体健康有很重要的作用。如果这个故事来源于真实事件的话，那比在 1886 年发现米糠可以治疗脚气病的荷兰医生克里斯蒂安·艾克曼恐怕要早得多。

如今，这个发现被宣传得如神话般传奇，于是越来越多的人开始关注糙米。在贵州的山里，我专门尝过那些没有精磨的米，那种口感，真的会让人打消端起饭碗的欲望。据说糙米的维生素 B_2 含量是精米的 7 倍，看似差异巨大，但是普通精米的维生素 B_2 含量只有 0.06 毫克，那同等糙米的含量顶多为 0.42 毫克。而 100 克猪肝的维生素 B_2 就有 2 毫克之多，完全不是一个数量级的。要想补充维生素 B_2，还不如来碗猪肝粥，口感又好量又足。

还好，我们的食物来源已经极大丰富了。从蔬菜肉蛋中获取的维生素，已经远远多于米糠中的那一丁点。我们也不用再忍受米糠了。

我们为什么不换一换作物

人类定居之后，又有了机会去选择产量更高的粮食。问题来了，地球上有超过 40 万种植物，而我们人类选择的常规作物不超过 150 种。

《人类简史》中阐述了一个简单的道理，生活方式的改变并不是瞬间完成的，而是在点滴之间完成的。在转换工作的过程中，获取食物的效率其实是会降低的，道理很简单，在工具和技术条件一定的情况下，如果把时间平均分配给打猎和农耕，结果很可能是猎物也没有获得，而田里的庄稼因为没有得到足够的照顾，已经被杂草淹没了。

我们可以把不同的生产模式想象成一组山峰，山峰的高度代表了获取能量的效率，虽然山峰高低错落，每一种生产模式的最高效率不尽相同，但是毫无疑问的是在攀爬到相当高度之后，很少有人愿意再返回效率洼地去，即使另外一个山头看起来更美好。因为在绝大多数情况下，贸然转变生产模式，带来的结果都可能是致命的。我们就只能沿着既定的生产模式走下去，包括驯化的作物亦是如此。

如果放弃眼下已经培育成百上千年的作物，选择一个全新的物种开始培育，就如同回到山下洼地。即便之前培育的作物不是很成功，无论人类如何努力，仍然无法提高产量，甚至一直维持着较低的产量。但是比较一下，还是要比野生植物好得多。

在这一章，我们带大家一起探索了人类定居的起源，植物特别是禾本科作物毫无疑问在人类定居过程中发挥了重要作用，而成熟不脱落作物个体的出现，为人类定居提供了必要条件。在人类选择定居之后，作物对于人类的塑造并没结束，为了获得更高的产量，提高能量获取效率和丰富的营养，人类开始联合起来营建宏伟的水利工程，并形成了新的社会组织关系。在下一章，我们将带大家把目光投向宏伟的古代运河和水利工程，去探索植物对人类社会结构的影响。

第五章

植物让我们联合在一起，
大规模的社群结构

我出生在山西南部的一个小县城。20世纪80年代，那是信息化时代到来的前夕，当时的中国正处于改革开放的发展初期，所以在我的童年记忆中，玩具一直都是贫乏的。父母在力所能及的范围内努力满足我的愿望，从红白机到变形金刚都能摆在我的小屋里面，但相对于今天让人眼花缭乱的各种抖音、快手和游戏App，我们的娱乐地点几乎都与土地相连。

小伙伴们最喜欢干的一件事就是模仿大人把一块空地上的碎砖乱石都清理干净，松土刨坑之后种上从家里偷偷摸来的各种种子，玉米、大豆、绿豆、葵花子和马铃薯，不同的小地块属于不同的小团体，浇水和捉虫活动成了比赛项目，至于施肥就算了，毕竟没人愿意像祖母那样从公厕的粪窖里捞出粪水，还要兑水稀释之后才浇到菜畦旁边。然而随着时间的推移，大家的"游戏"热情慢慢消失，通常在农作物完全被杂草吞没之前，收获的季节终于到来了。捧着那些比"种薯"还要少的马铃薯，大家都异常开心，共享丰收带来的喜悦。

这种童年游戏容易让人产生一种错觉，每个人都可以靠开垦田地生活下去，只要有种子，有土地，勤勤恳恳地侍弄庄稼，任何一个人都可以在世界的任何角落生存下去。再加上一本《鲁滨孙漂流记》，更是让人坚信，人类是可以战胜自然的，哪怕只有一个人，只要有足够的智慧和坚持，就一定能丰衣足食，创造美好生活。

但是，这种想法显然是天真的，在人类历史上有这种想法的人被一次次啪啪打脸。实际上，因为农作物的特殊需求，很多人一起协作才有可能完成一些不可能的任务，而这样的工作也极大影响了人类的组织结构，直到今天，我们仍然能从作物身上看到人类社会最初形成的原因。

去美洲，欧洲殖民者的美梦变噩梦

在众多描写地理大发现的故事中，总是充满了英雄主义的浪漫桥段。在西方文学家的笔下，这段历史被描绘成欧洲人征服世界的冒险故事，充满了黄金白银和美女英雄的桥段。最初登陆北美洲的英国殖民者，也是抱着一夜暴富的心态，因为看着西班牙人把一船一船的白银和黄金从美洲运回欧洲，英国人又怎么能不动心？

然而，现实是残酷的，1607 年到 1624 年间，英格兰运送了超过 7000 人到弗吉尼亚，然而活下去的人不足 20%，也就是说，每 10 个人当中就有 8 个人死去。

虽然死亡的原因是多方面的（比如，缺乏足够洁净的饮用水，各种蚊虫和疾病的骚扰，当地印第安人的威胁），但毫无

印第安人

疑问的是缺乏充足的粮食供给是导致死亡的重要原因。

最初来到北美殖民地的英国人，一直被饥饿的阴影所笼罩，只能依靠欧洲送来的补给，以及与印第安人交换来的玉米勉强度日。这些殖民者显然没有鲁滨孙的好运气，他们播撒的那些从欧洲带来的作物种子，并没有带来足够好的收成。而北美殖民地之所以能良好运作，其实得益于烟草的大量种植，这种作物为殖民地带来了丰厚的贸易利润，然而，这是最初登陆美洲的英国人不会想到的事情。

玉米是一个典型的例子。玉米有没有营养，回答当然是肯定的。就像小麦和水稻一样，作为植物的籽粒，玉米中也蕴含着大量的营养物质，以备种子萌发所需。这里面最多的成分就是淀粉了，新鲜玉米中所含的碳水化合物就占到干物质的74%，伴随有 9.4% 的蛋白质，与大米和小麦基本相当，或者略有超出。到今天，玉米已经成为特别重要的粮食作物。玉米作为一种粗粮也被推崇备至。但是，我们需要注意的是，玉米远非一种完美的食物。且不说上文提到的烟酸释放问题，单单

玉米

说对血糖的影响也并非我们想象的那么温和。新鲜玉米的 GI 值是 70（葡萄糖的升血糖值为 100），也属于中高 GI 值的食物。所以，千万不要被它们略显粗糙的口感所蒙蔽，一定要注意控制摄入量，避免带来不必要的麻烦。

正因为营养丰富，所以早在 8000 年前玉米就已经被美洲的玛雅人当作自己的主食了。

但是当最初登陆美洲的欧洲殖民者，开始把玉米当作唯一主食的时候，各种怪病接踵而至。初期只是消化不良、食欲不振、腹泻，接下来很多人的皮肤出现红斑，如同被烈日暴晒过一样，烧灼和瘙痒感让人难以忍受，甚至有人幻视、幻听、精神错乱，当时的人们认为这是受了诅咒。其实这是典型的烟酸缺乏症的表现，换句话说，就是这些欧洲殖民者吃玉米吃到营养不良了。

那为什么吃了 8000 多年玉米的印第安人都活得好好的呢？相较于水稻和小麦，玉米有一个先天的劣势——如果不经碱性溶液处理，玉米籽粒中所含的

葡萄

烟酸就无法释放出来。这种现象使得那些依赖玉米为食的人群因为缺乏这种特殊的维生素而罹患糙皮病。好在中国人的食谱中，食物构成相当丰富，无形当中解决了这个大麻烦。

隐藏在背后的根本原因是，欧洲人带来的作物并不能很好地适应最初的殖民地生产，欧亚葡萄在美洲根瘤蚜的强大攻势面前根本没有生存的机会；最初种下的小麦种子收成也不好。只有欧洲人带来的蚯蚓在北美大陆上飞速扩展，成为生态系统重要的组成部分。

原因很简单，今天我们熟悉的所有农作物对于生活环境有着独特的需求。

植物生长的苛刻条件

最早农业都是起源于大江大河流域，中国的黄河，印度的恒河，埃及的尼罗河，巴比伦的底格里斯河和幼发拉底河，滋养了人类早期的文明。文明诞生在相似的区域，绝对不是偶然事件，因为这些区域有促进农业发展的天然优势——土壤肥沃、灌溉便利。而只有生产出充足的粮食，才有文明的高速发展。

中国人对土地有着一份不一样的感情，因为我们有着悠久的农耕历史，有着深厚的农耕文化，对植物也有着更深刻的理解。要想种好一棵植物，最重要的事情就是做好浇水、施肥和松土。这三件看起来很简单的事情背后，其实有着非常多的学问。

我们先来说浇水。以下这种情形大概每个人都体验过，虽然努力浇水，但是可怜的仙人球慢慢皱缩干枯；还有人为省事把秋海棠的花盆泡在浅浅的水盆里，结果弄得叶片脱落，花怒人怨。于是，这些好心的同学们还一脸委屈，不过是说植物都喜欢水，为啥它们就不领情呢？

简单来说，这些做法就是要把植物往死里淹啊。没错，花花草草喜欢水，但是它们也喜欢空气。别忘了，土壤中的那些根系也是需要呼吸的。在水分过多的情况下，势必会影响到土壤中的空气分布。不能进行正常呼吸的根系，会在根系中积累乳酸、乙醇等有害物质，长此以往轻则代谢紊乱，重则发生腐烂。番木瓜的根系在水里浸24小时后，就会发生不可逆的损伤。

另外，有些植物（比如各种兰科植物，杜鹃花等）的根系中还住着重要的真菌盟友，它们就是为植物提供矿物质和水分的后勤官。当然了，这些真菌更不会游泳，一旦它们被淹死，那花草也只有等死的份儿。

于是，很多同学恍然大悟，一定要等到花盆的土干透才好。等等，像薄荷这样的植物需要充足的水分供应，等土干了再去浇水，就等着收获一盆的土吧。

当然了，保持土壤的湿润不是让大家在花盆里面和稀泥，如果是水和土混成了淤泥状，这恐怕只有莲藕之类的水生植物

莲藕

才喜欢了。总的来说，即便是喜欢阴湿的植物，花盆土壤也要保持疏松透气，水分能够排出，空气能够进入，所以腐殖质含量高的土受植物青睐，在很大程度上也是因为这个原因。

至于说施肥，看起来自然界也到处都是营养来源。我们在生物课上都学习过，自然界是可以进行物质循环的，那些看起来进入花盆是个挺好的废物利用的手段，甚至让人有种变废为宝的快感。

但是，大家一定要注意，植物可不是动物，植物的根系根本无法吸收糖类、蛋白质这样的有机物，氮磷钾之类的无机矿物才是它们的粮食。别说是茶渣，即便是牛奶和鸡蛋，也不能直接成为肥料，因为不管是脂肪还是蛋白质，这些营养物质都不能通过植物根系为植物提供营养。

茶渣不仅不会为花草提供营养，这些有机物还能惹麻烦，很多真菌和虫子都盯着它们呢，于是花盆成了小型菌物培养场，这些活跃的生物可是会无差别地搞定纤维素、蛋白质，植物根系受伤也在所难免。即便是可以施用的茶渣肥料，也是要经过发酵，真菌消耗了纤维素之后，剩余的矿物质才能发挥作用。只是，在家中堆肥，怎么看都不像是件能执行的事情。

而大江大河流域恰恰解决了上述问题，满足作物的生长条件，为人类提供了充足的食物，最终成为文明的摇篮。首先，江河附近的水资源，完全可以满足农业用水的需求，在水泵等设备发明之前，利用降雨和江河地表水灌溉，几乎是农业生产的唯一选择，邻近江河意味着充足的水资源得以保障。

其次，在上述的大江大河流域，土壤肥沃适宜耕种。这听起来有些让人费解，其实理解起来并不难。不管是黄河、尼罗河、恒河、底格里斯河和幼发拉底河以及它们的支流，都是典型的季节性河流，在雨季来临的时候，上游的动植物残骸和土壤会被洪水裹挟着冲到下游，而这些动植物残骸和粪便已经在上游区域积累了一年，彻底发酵成了农作物喜欢的肥料，自然可以让庄稼茂盛生长。

还有一点非常重要的原因，那就是淤泥形成的土壤特别适合小麦、大麦、水稻和小米这些人类早期驯化的各种作物，因为沙质土不仅有良好的透水性，还能维持基本的养分水分供给，更重要的是可以满足这些禾本科作物根系的生长要求，这些土壤中布满了细小孔洞，可以满足植物根系呼吸的需求。

充足的水源和肥料，适宜的生长环境，加上人类清除了那些争夺养分的其他杂草，大江大河附近就成为良好的生存区域。不过，随着人口增加，最初大河流域的肥沃土地显得越来越有限，向更多不那么优渥的土地要粮食，就成了必然选择。那么，在这个时候，水和肥料的问题，又该如何解决呢？

为了一块儿好田地

到今天，土壤肥力的问题早已不是困扰种植者的核心问题。化肥已经成为解决植物生长问题的基本方法，全球化肥生产和消费总量都在稳步增长。从 2002 年到 2014 年，在这 13 年间，全球化肥消费量由 1.97 亿吨增长到 3.09 亿吨，整体上升了 56.7%，并且美国和中国加起来几乎占到世界化肥消费量的一半。

相对应的，世界粮食产量也从 1945 年的 6.9 亿吨，猛增到 1998 年的 20.33 亿吨，这个数字到 2019 年就变成了 27.1 亿吨。世界粮农组织预测，2020 年全世界谷物产量预计为 27.80 亿吨（其中包括大米），比 2019 年高近 7000 万吨，创历史新高。玉米将占预测增幅的大部分，玉米产量预计将增加 6450 万吨，达到创纪录的 12.07 亿吨。毫不夸张地说，现代农业是建立在一座座化肥厂的基础之上的。如果没有这些化肥供给，我们根本无法解决粮食生产问题。

那么在没有化肥供给的日子里，农夫们又是如何解决肥料的问题呢？选择那些自带肥料工厂的植物是一个异常明智的选择。

在绝大多数条件下，水分和矿物质营养是制约植物生长的两个关键因素，而在矿物质营养中，氮肥又是最重要的。作为氨基酸和蛋白质以及核酸的组成部分，氮元素对植物生长的重要性不言自明。但是，在自然界真正存在于土壤中的氮元素并不充裕，除了那些被雨水冲刷带走的之外，还有很多氮元素会在反硝化细菌的作用下，重新变成氮气释放到大气中去，这就是为什么在大气中氮气的比率可以高达78%，但是在土壤中氮肥依然稀缺的原因。

在植物世界里，出现了很多为自己补充氮元素的高招，比如说茅膏菜、捕蝇草和猪笼草通过捕捉动物来获取足够的氮元素。但是，这样的做法也是不得已而为之，毕竟"制造"捕捉动物的陷阱还是需要消耗大量的能量。于是有些植物就另辟蹊径，开始利用大气中的氮气制造自己需要的肥料，它们就是固氮植物。

像大豆、紫云英和刺槐等豆科植物是最典型的固氮植物，但固氮这些植物本身并没有固氮能力，用氮气制造肥料还得靠与植物共生的固氮菌。固氮菌中的固氮酶是一种能够将分子氮还原成氨的酶。固氮酶是由两种蛋白质组成的，一种含有铁，叫作铁蛋白，另一种含有铁和钼，叫作钼铁蛋白。只有铁蛋白和钼铁蛋白同时存在，固氮酶才具有固氮的作用。在三磷酸腺苷酶（ATP）提供能量的前提下，固氮菌就可以在固氮酶的催化作用下，利用氮气制造出氨。这个过程看似很容易，却一点不简单。要知道在化工厂中，这个合成过程要在20兆帕到50兆帕，500℃的高温高压环境下才能顺利进行，生物固氮的超强能力不言自明。

作为提供肥料的回报，植物会为固氮菌制造特殊的生存场所——根瘤，固氮菌与植物形成了共生关系。所以即便是在土壤贫瘠的地方，拥有固氮菌支持的植物仍然可以茁壮成长。聪明的农夫在很久之前就发现，在休耕的农田中大量种植紫云英，可以为土壤补充足够的氮元素，让土壤重新变得肥沃起来，而紫云英也有了一个新的名字——绿肥。

杨梅也有与大豆类似的高招，在它们的根上也长着根瘤，生活在其中的是一些特殊的放线菌。杨梅科植物是最古老的根瘤固氮植物，生活在根瘤中的放线菌可以利用空气中的氮气合成。特别是在一些氮肥浓度低的土壤中，根瘤的重量会增加。

但是大家总不能光吃杨梅和豆腐吧，况且提供主要能量供给的水稻、小麦和小米都没有自己产生氮肥的能力。为了应对这个困难，人们创造性地发明了保护地力的休耕轮作制度。所谓休耕就是让土地进行休息，恢复地力。在休耕的地块上，农夫还会种植紫云英这样的绿肥，从而为未来的耕种打下了良好的基础。

休耕绝对是个迫不得已的做法，随着人口的增长，可以休息的土地越来越少。人们创造性地发明了起垄耕种的技术。从西汉中期时期开始，"起垄做圳"成为新的耕种模

杨梅

式，并一直延续至今。

我们今天看到麦田中一垄一垄的种植，其实就是让垄间的那些耕地（被称为圳）处于休息状态，等下一年耕种的时候，再互换过来，这样就能够最大限度地提高土地的利用效率。在这个基础上再通过调整不同作物的轮换耕种，对农田土壤也是一种保护。

在土地和肥料的问题基本解决之后，还有一个最大的难题，那就是水。

都江堰和哈尼梯田，集中力量办大事

中国的农业发展与水利工程建设始终捆绑在一起，从春秋战国时代，水利建设就开始了。这与中国的自然条件是紧密相连的，因为中国所处的地理环境注定了我们需要很多很多水利工程。

并且，植物需要的水并不是平均分配在生长期内的每一天，而是有着明显的用水高峰。比如说，在播种期、分蘖期、小花分化期和灌浆期就需要大量水分。在中国华北平原，播种期通常是在 9 月中旬到 10 月中旬，分蘖期在越冬之前，小花分化期在 3 月中旬到 4 月中旬，灌浆期在 4 月下旬到 6 月初，特别是灌浆期的小麦需要大量的水。

那么，问题来了，这几个时间段，恰恰是黄河流域降水偏少的时间段。这对供给和需求的矛盾，就只能靠人类来解决了。

最初的中原文明的起始区域就集中在黄河支流的"三河"区域，即位于汾河和涑河下游的河东，位于伊河和洛河流域的河内，以及位于济水上游的河南。通过有规划地修建灌溉水渠，有效解决了农田的灌溉问题。从商周时期开始，人们就开始在这些区域修建引水灌溉系统，形成了"浍、洫、沟、遂"等不同等级的渠道，相当于今天的干渠、支渠、斗渠、农渠和毛渠。

那么，我们的祖先为什么不在黄河干流区域安营扎寨呢，答案很简单，黄河进入平原地区之后，流速变缓，混在河水中的泥沙会沉降堆积，河床不断抬高。在形成肥沃农田的同时，黄河就成了最容易泛滥的河流。公元前 602 年至 1946 年间，黄河决口泛滥 1593 次，发生较大改道共 26 次，其中大的改道就发生了 6 次，黄河"三年两决口，百年一改道"的特点因此形成。

在享受黄河带来的富足同时，中国人也一直在与黄河带来的水患角力。而在这个过程中，无论是疏浚工程，还是堤岸修筑加固工程都需要众人齐心协力来完成。

同样的问题也出现在长江和淮河流域。这里的水资源是充裕的，日照充足，可以满足农作物生产的需求。因而在宋朝之后，这里成为中国重要的粮食供给基地，"湖广熟，天下足"成为名句流传。然而，这个区域又是洪涝灾害最为严重的区域。水稻种植和生长的时间，恰逢长江和淮河流域的汛期，而水稻喜欢的生长环境恰恰是特别容易被洪水侵袭的湿地环境。兴修水利工程就成为中国人必须要做的事情。

今天，我们站在都江堰的堰头，还能依稀感受到当年李冰父子主持修建都江堰时候的盛况。虽然对于工程主持者究竟是谁，仍然有一些异议，但毫无疑问的是这个浩大的工程并非一家一户可以完成的，今天的都江堰的主要分水建筑——鱼嘴，长 80 米，最宽处 39.1 米，高 6.6 米。鱼嘴堤坝向下游延伸，形成金刚堤，内堤长 650 米，外堤长 900 米。加上"宝瓶口"和"飞沙堰"的工程，在没有大型机械，甚至缺乏金属工具的战国时期，修建的难度可想而知。从公元前 256 年至公元前 251 年修建都江堰的 5 年时间里，究竟消耗了多少人力物力，我们无法获取准确的数据。但是，从后来的修缮维护数据中仍然可见一斑。蜀汉时，诸葛亮设堰官，并"征丁千二百人主护"，这仅仅是每年维护都江堰的劳动力数量。如果没有强有力的管理体系，没有足够的向心力，都江堰这个让成都平原变身天府之国的工程是万万没有机会成立的。

我们再把目光投向西南山地的哈尼族梯田，在这里，山坡被农夫变成了梯田，那些从山上流下来的溪流注入那些宛如明镜挂在山腰上的梯田中，秋季收获的稻穗滋养了这里的文明。毫无疑问的是，这样的梯田是需要众人齐心协力来完成的，而每个参与梯田建设的农夫，又会从这样的集体协作中收获希望。

我们应该看到的是，中国人选择了谷子和水稻，水稻也选择了中国人。正是因为水稻需要大规模的水利工程的建设，让中国人选择了在一起的生活方式。正是这些与植物有关的水利工程，极大地促进了中国人的大规模的协作关系。

运河促成帝国交流

值得注意的是，粮食作物不仅通过水利设施的需求让中国人聚集在一起，同时还通过南北流通，进一步让整个帝国紧密地连接在了一起。

在大统一理念的指导下，中国历朝历代都异常重视帝国各个区域的交通。在汉武帝征服南越国之后，就开凿了灵渠，从而沟通了珠江和长江水系。

开凿大运河是对版图所有权的强调和展示，在帝国的版图之内建设起沟通各地的交通大动脉。只是囿于交通的限制，最初中央对地方的控制，并没有太多实际的获得。虽然灵渠的开凿，对于连接长江和珠江水系发挥了巨大作用，但直到隋炀帝开凿大运河，南北方的物流才真正通畅起来。而对水果来说，官道和驿站的建设才是保证流通的基础。经过历代的持续建设之后，才有了杨贵妃吃荔枝的物流基础。

更重要的是，在大运河修建起来之后，南北方的货物开始大规模流通。来自南方的漕粮开始供给北方，让南北方建立起一个稳固的纽带关系。在明代，规定全国农民缴纳的漕粮赋

税总额是 2950 万石，其中 1200
万石由地方政府支配，800 万石
供应西北边防部队，120 万石供
应南京，820 万石供应北京。从
1415 年开始，明朝的这些漕粮
都是通过运河完成的，可以说漕
粮运输成就了运河，而运河又把
中国南北方紧密结合在了一起，
而这一切的开始还是要归结到
水稻这种作物上。

荔枝

水利工程的修建，大规模
梯田的建设，还有沟通南北的
运河的修建。中国的大统一向心力其实与植物有着割不断的关
系，直到今天，我们仍然以黄河和长江这两条母亲河自豪，而
这两条母亲河也决定了我们祖先的集体生活方式，当然也就决
定了我们今天中国人万众一心的朴素理念。

一方水土养一方人，到今天，我们的生活中依然布满植物
给我们留下的印记。中国人喜欢抱团，我们都热爱并支持大统
一的国家，这些习惯在很多很多年前，当我们的祖先选择谷子
和水稻作为维生粮食的时候，就已经决定了我们要团结地生活
在一起。

第六章

粮食丰产促使文字的出现

大家去台北故宫博物院参观，都不会错过三个物件——翡翠白菜、肉形石和毛公鼎。这三件被戏称为"酸菜白肉锅"的顶级展品，可以说是今天台北故宫博物院最吸引人的展品。不过，这三件展品的热度也是冷热有别，翡翠白菜和肉形石的展柜前面永远挤满了观众，需要保安维持参观的秩序，但是毛公鼎的展柜前的疏导路线形同虚设，因为根本没有那么多人来参观这个物件。

　　毛公鼎是西周宣王年间（公元前828—公元前782年）所铸造的青铜鼎，腹内刻有500字金文册命书，字数为举世铭文青铜器中最多。在鼎内的金文中提到周宣王在位初期，想要振兴朝政，于是命叔父毛公暗（有一说是毛公歆）处理国家大小事务，又命毛公一族担任禁卫军，保卫王家，并赐酒食、舆服、兵器。毛公感念周王，于是铸鼎纪事。

　　台北故宫博物院的老师告诉我，如果论价值，毛公鼎的研究价值要远高于翡翠白菜和肉形石，因为后者充其量就是天然的底子加上手艺，带来了不一样的视觉观感。但毛公鼎上的文字，却是我们了解古代周王朝生活的重要记录。甚至对于我们重新认识中国历史都具有重要的意义和价值，但为什么观众在

毛公鼎上的文字，是我们了解古代周王朝生活的重要记录

看到这些文字的时候，没有欣喜若狂的感觉呢？

如果是因为毛公鼎上的金文宛如天书，我们无法理解，从而产生了天然的距离，那么当你在看到这段文字的时候，有没有因为自己能理解这些错综复杂的符号而自我惊叹呢？似乎并没有，到今天，使用文字进行学习和交流已经成为我们日常生活的一部分，我们似乎已经忘了，这种行为出现在地球上的时间不超过 1 万年。

人类使用文字，其实是一个异常特别的行为。到今天，我们对于自然界的认识已经有了天翻地覆的变化。我记得在20 世纪 90 年代，我们的课本上依然写着，"使用工具和语言是人类区别于动物的主要特征"，到今天，新的发现和研究早已颠覆了我们的认知，正如我们在前面讨论过的，黑猩猩、乌鸦等诸多动物都会使用工具，而语言更是很多动物的交流手段，甚至不同地域的鸟类的鸣叫声中还会带有明显的口音，这些例子都说明，使用语言和工具都不是人类独有的能力。但是用文字来记录和传递语言信息，这在地球上还是独一份。

为什么会出现文字

什么是文字？著名汉语言学家、北京师范大学的王宁教授说过，只有那些用于记录语言的符号才能被叫作文字。如果与语言不相关，即便绘制得再精细，表现再丰富，那也只是叙述故事的绘画或者记录信息的符号而已。只有跟语言紧密联系在一起的符号，才是真正的文字。

这一点很容易理解，在动物世界中，虽然也有动物会在树干或者岩石上留下记号，甚至有特殊的表达信息的鸣叫声，但是这些符号和鸣叫声并不能建立起关系。就算是人类早期的岩画在与语言建立起直接联系之前，也不能被称为文字。

那么，人类为什么要创造文字，文字为什么会越来越多呢？在《人类简史》中，作者尤瓦尔·赫拉利有了精辟的见解，因为人类的大脑并不是为了记录精确信息而生的。我们的大脑处理得更多的是诸如果实的形状和颜色，果子分布的大概区域等模糊化的信息。如果要让我们记住每天三餐都吃了多少种食物，分别是几种动物、几种植物，那就成了不可能完成的任务，更不用说吃下去食物的准确数量了，我们根本不会记得上顿饭吃的米饭有多少粒，比萨的尺寸是多大，抑或是昨晚洗澡的时候究竟用了多少毫升的洗发水。

但是在人类的大规模生产和协作出现之后，精确记录就成了一个必须去做的事情。究竟是谁让数据暴增，究竟是谁拥有语言的丰富？当然还是植物这个幕后主使。

到今天，我们看到最早的人类记录的泥板上，记录的不是对自然的赞叹，不是对爱情的咏唱，而是关于粮食的数量。

在这种符号出现之前，人类就可以利用植物绳索来记录信息了，换句话说，结绳记事才是最早的人类文字的雏形。

结绳和记事

结绳记事可以说是人类最早记录信息的方法。有的朋友可能会说，岩画和壁画不也是一种记录吗？虽然我们可以从岩画和壁画中获取很多当时人类活动的信息，但是要注意的是，这些绘画创作并不是与精确信息和语言直接相关的。

事实上，我们完全可以用绳子来记录所有的信息，因为今天在电脑中处理的信息都是以 1 和 0 两个数字的编码存在的。理论上，我们只要有足够长的绳子，在绳子上打两种不同的绳结，就能存储任何我们想要的信息。不管是人类历史，还是相对论，甚至是宇宙大爆炸以来发生的任何事情，都可以记录在这根绳子之上。如果把绳结的种类扩充到 4 种，那可以存储的信息更是可以多到惊人，人类建成的设计图纸都可以放在这样的绳索之上。

实际上，大自然早就发现了这个秘密，控制人类身体建成和运行的复杂信息，就存储在一条条脱氧核糖核酸（DNA）分子之上，在 DNA 上的四种碱基鸟嘌呤、腺嘌呤、胸腺嘧啶和胞嘧啶相当于不同的绳结，通过不同的组合排列，就能储存海量的生物信息。不管是耳朵如何生长，还是眼睛如何感受光线，所有这些人体运行的信息就都存于 DNA 的序列当中。

人类的行为也证明用这种方法是行之有效的，结绳记事的信息容量其实远超我们的想象。这种做法不仅可以有效记录一个家庭的信息，甚至关乎国家运转和管理的信息都可以有条不紊地记录在绳子上。在西班牙人来到美洲的时候，印加帝国的原住民仍然在使用结绳语言来记录大大小小的信息，处理各种政务。这个拥有 10 万以上人口的大帝国运转良好，结绳语功不可没。

既然结绳语可以如此便捷地记录和传递信息，那为什么人类还要发明符号化的文字呢？其中一个主要的原因仍然出在与我们朝夕相伴的植物身上。

草木变化促进文字发展

在中国，我们习惯把尘封往事都叫作老皇历，做一下回忆的事情叫翻老皇历。这老皇历究竟是什么呢？所谓老皇历就是一本指导人们活动的时间表，与我们今天使用的日历没有多大区别，唯一不同的是这是统治者颁布的。相传中国最早的历法是黄帝制定的，所以被称为老黄历。从唐朝开始，官方明确规定，历书必须由皇帝审定后才能发布，并且只有官方才能印发，不准民间私印，人们又把黄历称为"皇历"。而那些更换过的旧的皇历，不能随意损毁，需要妥善保存，于是就成了老皇历。在古代中国，老皇历大概是绝大多数人唯一接触的有文字的纸张。

那人类为什么需要历法呢？

在人类进入农耕社会之后，种植更是需要越来越精确的时间，这点在人类被农作物"圈定"之后，就成了必然会发生的事情。

每年芒种时节，来到中国长江流域，你会看到一派忙碌的景象——抢收夏粮，抢种秋粮，所以也被简称为"双抢"。为什么会有"双抢"出现呢？在人口逐渐增多之后，人类必须提高粮食产量，那么就需要尽可能提高土地的利用效率。北方的两年三熟，南方的一年两熟，甚至一年三熟就是这样的解决方案。在种植水稻之前，种植油菜或者小麦，很快就成为中国的标准耕作模式。

我们需要注意的是，农作物生长有自己的规律周期，比如在我国南方水稻的生长周期是100~120天，而甘蓝型油菜的生长周期在200天以上，再算上一些不能进行耕作的时间，要想让田地顺利运行，并不是一件简单的事情。

随之而来的就是对于时间的精准要求，因为成熟度不足会影响作物的产量，特别是在芒种时节，要考虑收获油菜籽粒的成熟程度，成熟度不足就会影响得到的油料的数量和质量。但是我们也不能任由油菜无限制地在田中生长，而是必须考虑播种水稻是否能在入冬前成熟。

正是因为连续耕种作物生长时间的矛盾和冲突，我们的祖先创造性地发明了水稻育秧技术，这样不仅可以保证水稻栽种的效率，更是在很大程度上延缓了时间冲突。毕竟在育秧棚里生长的秧苗，不会去抢占田地，为田里的油菜和小麦争取了成熟时间，同时也缩短了水稻占用田地的时间。

即便如此，芒种时节前后的半个月仍然异常繁忙，一旦错过时间窗口，一年的心血可能就会付诸东流。什么时候播种，什么时候收割都需要精准的时间控制。于是编制历法，预报农时就成了一个非常重要的行为，甚至可以说是事关生死的行为。

而历法的制定必然是建立在对天象物候的长期观察记录和总结的基础之上，这就需要记录大量的数据和经验。而这些信息必需保存在可靠的载体上，文字恰恰是一个不错的选择。在《说文解字》中，记录的隶属"木"部、"竹"部和"草"部，这些与植物相关的文字多达 1227 个，占到书中记载文字总数的 12%，这足以说明，在汉字诞生初期，记录各种植物信息是这种文字的重要使命之一。

这些需求能够记录天时、植物变化，并最终制定出历法，成为催生出文字的重要客观条件。

老皇历的皇

除了历法的必需性，我们还需要注意的一点就是老皇历的来源——皇帝。作为颁布者自然要陈述自己的合法合理性，在君权神授的古代，如何完美阐述作为最高统治者的合理性，历法是关键的一环，而相关的解释文字也会被认真地记录和传播。至于那些被最高统治者分封的王公贵族也需要陈述自己接受权利的合理性，而我们看到的毛公鼎中记录的恰恰是这样的文字信息。

而这些论述也需要有更为明确的记载，于是在这些爆炸性信息面前，传统的结绳记事仍然会碰到问题，当然，用不同颜色，不同材质的绳子也可以完成复杂的信息记录，但是中国人选择了不同的方式，那就是用符号化的文字来解决这个问题。

关于汉字的流变，学界普遍接受的观点是，最早的是可刻写在牛骨和龟甲上的甲骨文，然后是在金属器物上的金文，最后才出现了书写在竹简上的篆书，继而演变成了隶书、行书

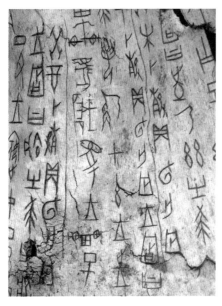

祭祀狩猎涂朱牛骨刻辞正面（局部）

和楷书。

不过，著名汉字字体设计师严永亮老师并不认同上述汉字的演化流程。

严老师认为不管是甲骨文，还是金文，所有的文字都是从左向右，从上向下的书写和阅读，而且这些文字的形态都是瘦长形的，这个跟拉丁字母和单词的书写方式有着本质区别。这种特别并不是偶然产生的，很可能与当时的书写材料密切相关。简单来说，在甲骨文和金文出现的时候，中国人主要的书写材料就已经是竹简和木牍了，正是这样长条形的载体确定中国文字的长相。

毫无疑问，植物是人类记录文字的最佳材料。虽然龟甲和铜器都更容易长时间保存，但是这并不便于反复阅读和传播，所以刻写在这些介质上的文字，更多的是对祭祀和占卜信息的实时记录，或者是重要的礼仪性文字，并非真正的通用的记录文字的最初有效介质。

今天，我们在云南的西双版纳还能看到活着的植物介质的书写材料，那就是傣族使用的贝叶经文。贝叶棕的叶片经过切割、整形、压平变成了形态规则的长片，书写用的刻刀就可以在上面记录文字了，穿钉成册的贝叶，就成了世代相传的信息载体。

有趣的是，贝叶经的书写方向就是从左向右，自上而下，与我们今天熟悉的阅读方向是一致的，而贝叶经中的傣文更多是有着扁且长的形态。

虽然我们习惯把汉字称为方块字，但是确切来说，我们的汉字都有着优美的瘦长身形。这种形态恰恰与竹简和木牍的使用有着密不可分的关系。

实际上，如果我们观察甲骨文和金文，就会发现这些早期的汉字都是瘦长形的。如果说汉字形成初期，我们就是用这些板状物来记录文字的话，那汉字的字体和字形应该更类似于傣文或者我们今天熟悉的拉丁字母组成的单词。然而，从甲骨文一直到后来的隶书和楷书，汉字一直维持了瘦长形的形态。

这只能说明一个问题，在汉字形成的初期，就是从上到下，写在一个长条形的介质之上，而这个介质很可能就是竹简和木牍。于是，特定的书写空间，决定了汉字的长相和书写顺序。

更有意思的是，书写汉字的工具——毛笔，也很可能在甲骨文或者金文时期就已经在使用了。毫无疑问，

长期以来，竹子都作为汉字的书写介质材料

书写工具会起着极大影响。古代巴比伦的楔形文字是用木片在湿润的泥板上刻画而成，所以组成文字的部件都形如木头楔子的样子。

反观中国的甲骨文和金文，都有着复杂而圆滑的线条，这种线条显然和楔形文字直来直去的刻画有着本质区别。很可能是在形成了圆滑的文字符号之后，才被刻在龟甲、骨头或者青铜器之上。而书写的工具自然与植物有着密不可分的关系。换句话说，在甲骨文出现的时候，中国人很可能就已经在使用类似毛笔的工具来书写文字了。

实际上，直到魏晋时期，竹简仍然是与纸张和丝帛并列的书写材料。在中国成语里面，韦编三绝、学富五车、汗牛充栋描述的都是人们使用竹简的场景。学富五车说的是读了超过五牛车装的竹简，而汗牛充栋则是指搬运和储存竹简的巨大数量。当我写到这里的时候，不由自主地瞥了一眼键盘旁边储存容量为 32G 的优盘和 1TB 的硬盘。

一个汉字通常会占用 2 个字节（byte）的空间，我们可以

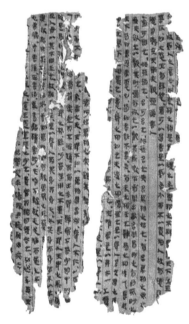

马王堆汉墓出土的帛书

做一个简单的推算，1KB 等于 512 个汉字，1MB 等于 524288 个汉字，而 1GB 容量可以储存 536870912 个汉字，考虑到存储文件格式的问题，实际容量没有这么大，但是一个 32G 的优盘也足够存储每册 100 万字的小说 2.8 万册。如果在我的优盘和硬盘里面存满文字内容的文档，在我有生之年肯定无法读完，更不用说一卡车这样的优盘和硬盘能存储多少信息和知识了。

虽然今天你在阅读这本书的时候，看到的文字顺序已经改变，承载的介质也早就不是竹简，汉字的长相也与两千年前完全不同，但是汉字的基本形态依然影响着我们今天的使用。

蔡伦造的是什么纸

为什么最初的文字不是记录在纸张之上呢？因为最初的造纸工艺还真的有着致命的缺陷，一是纸张缺乏必要强度，二是纸张缺乏必要的光洁度，这两点让最初的草纸很难成为有效的书写文字的材料。虽然东汉时期的蔡伦改进了造纸的方法，得到了比较适于书写的文字，但是直到魏晋时期，竹简仍是重要的书写材料，关键的原因就在于当时绝大多数纸并不适于书写。

那么适于书写的纸是什么样子的呢？

在回答这个问题之前，我们需要明确一下纸张的结构——看似一个整体的纸张实际上是由很多条植物纤维"堆砌"而成。

纸张是以植物纤维为主要成分，辅之以填料、胶料和色料等经过加工而形成的薄膜状物。造纸的基本原理是：把木材或废纸中的纤维散布在水中，使纤维置于被水分子包围的状态下，然后在过滤—上下两面加压脱水—加热干燥的过程中除去水分。在此过程中，纤维细胞之间的水分子被去掉，而纤维分子之间形成了许多氢键，于是形成了纸。

一般情况下，纸张遇水是不会产生化学反应的，仅仅是物理形变。而我们平时常见的纸张遇水褶皱现象，主要是由构成纸张的纤维的伸缩所造成的。纸张被水浸泡时，水分子会破坏连接纸纤维的氢键，导致纸张膨胀。这是与造纸相反的一个过程，纤维分子间氢键被切断。浸过水的纸张自然蒸发，是纸张收缩的过程，纸纤维间的氢原子在没有压力的情况下自由组合，并且很多氢键连接的位置与湿水前发生变化。所以一张被水弄湿的纸，干了后会变皱。

值得注意的是，形成纸张的这些植物纤维之间并不是严丝合缝的，他们之间还存在着一些小的空隙，很多地方都是坑洼不平的，这样就可以产生漫反射效应，所以整张纸看起来就是白色的。

即便没有显微镜，我们也可以用简单的实验来理解纸张的结构。我们可以在纸张上涂上水或者油，结果，就会发现我们能透过这样的纸张看到纸张之下的字迹了。那是因为，植物纤维之间的空隙被水和油填充，降低了漫反射效应，促进了光的

瑞香

透射。此外，纤维素的某些基团还可能与水或者油结合，改变空间结构，进一步提高光的透射比率。所以纸张才有了透明的感觉。

话说回来，要想提高纸张的光洁度，就需要纯净的纤细的植物纤维，一些树皮中有着发达纤维的植物就成了重要的造纸原料，比如说枝干能够打结的结香花，就是非常高级的造纸原料。

换句话说，造纸原料之所以能成为造纸原料，就是因为它们能提供丰富细腻高品质的植物纤维。

而结香所在的瑞香科恰恰是有名的纸张原料提供者，包括瑞香、白瑞香（雪花皮）、结香（三桠皮）、滇结香（柳构皮）、荛花（雁皮、山棉皮）、丽江荛花、江北荛花、狼毒、芫花都是有名的造纸原料。

在我国历史上，特别是南方地区出现了很多以瑞香科植物为原料的著名纸张，比如产自云南省腾冲市的腾冲宣纸，纳西族的东巴纸，还有四川的雪花皮纸，以及西藏地区特有的狼毒纸等。因为瑞香科植物纤维的特点，这些纸张比桑皮纸和构树皮纸都更为光滑细腻，甚至有丝质的感觉。

而楮树和构树，也因为纤维素含量极高且纤维长、强度大成为中国古代宣纸的重要原料。

直到今天，我们的造纸原理与 2000 年前的蔡伦使用的方法并没有本质区别。但是现代纸张的使用性能已经与那时完全不同。

　　把墨汁滴到普通的打印纸上，墨汁也不会迅速扩散开来了，而且纸张越来越厚实，很难透过铜版纸看到下一页字迹，这是因为现代纸张，不仅纤维密度更高，还添加了很多填料（如造纸过程中加入的碳酸钙）。正是因为这些填料的存在，我们的纸张才显得"洁白无瑕"，并且不是那么透明。在纸张与水和油接触的过程中，这些填料也可能发生变化，从而影响纸张的透明度。

　　正是纸张的发明，极大地推动了信息的积累和传递，再加

造墨之法

上印刷术的发展，让人类有了更多学习的机会。在绳语、文字、符号、纸张这些外部信息系统的加持之下，人类大脑的潜能得以最大限度地发挥，更多基于既有知识的创造性工作不断涌现，从中国古代四大发明的传承到工业革命使用的蒸汽机的推广，从达尔文的进化论到袁隆平的杂交水稻，人类的进步依赖于记录信息的文字。

樟木箱子传递文化

如今，储存信息已经不是困难的事情，我们可以把信息存储在网络云空间之上，想抹除这个信息都非常困难。

但是在使用纸张的时代，保存书籍和字画仍然是一个艰巨的工作。纸张毕竟是植物纤维，可以作为很多动物和真菌的食物，虫咬发霉是古籍面对的除了水火之外的重要危险。因此，重要的书籍和字画必须要有一个保险的存储空间，在化学杀虫剂和真空冷冻除虫技术出现之前，樟木箱子就是非常稳妥的选择。

因为樟木中含有特别的驱虫剂——樟脑。

樟脑是一种天然的杀虫剂，因为来源天然，也被认为是一种安全的除虫剂。但是我们碰上樟脑一定要小心，这些药丸绝对不是善意的糖豆。对我们人类来说，樟脑也有很强的神经毒性。吃 0.5~1.0 克可引起眩晕、头痛、温热感，乃至兴奋，如果吃下的樟脑达到 2 克，服用者就会进入镇静状态；如果摄入量达到 7~15 克，服用者就有生命危险了。所以，大家一定要注意，天然的未必就是安全的，天然的驱虫剂也是我们需要提防的。

　　在这一章我们回顾了文字的出现和发展与植物之间的关系。可以说植物推动了文字的产生，影响了文字的形态，反过头来，文字又在影响植物的未来。当然，植物对人类的影响不仅是数据和知识方面，还深刻地影响着我们的经济生活。在下一章，我们将带你一起去感受那些曾经主导经济流通的货币植物。

第七章

布帛和可可豆，
植物和人类货币

去巴厘岛旅行，阳光、沙滩，各种各样奇特的热带植物，但是在这里吃饭让我颇为挠头，一是当地印度尼西亚菜的口味，加了各种香料，并且用椰子油烹制的菜肴，如同不同乐器的声音同时响起，我的舌头对这种味道是抗拒的。印度尼西亚朋友为啥对这种味道的菜肴情有独钟，我们将在下个章节与大家讨论。在本章中，我们论述的东西与我的第二个不爽点有关系，那就是使用当地货币——印度尼西亚盾来结算餐费。

　　印度尼西亚盾的面额很大，按照 2020 年 7 月 17 号的汇率，1 元人民币可以兑换 2000 印度尼西亚盾，所以一顿饭下来，花出去十几万印度尼西亚盾是非常平常的事。按理说，中国人的心算和口算能力都是世界

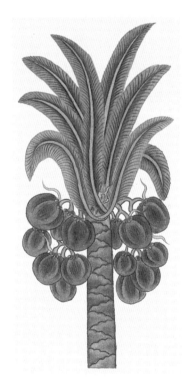

椰子

一流的，但是在这些大面额钞票面前，我迷茫了，究竟应该付出去多少钱，找回多少零钱，如果是 AA 制就餐我又该向每个朋友收多少钱，简直就是一个可以把大脑逼"死机"的神操作。这恰恰印证了前文我们所说的，人类的大脑并不是为了处理复杂数据，特别是大数据而生的。

那么，问题来了，不管是人民币，还是印度尼西亚盾，就纸币本身而言都不能成为我们的食物和衣物，或者药片。为啥我们都信任这些花花绿绿的小纸片（当然，有些纸币并不受人待见，比如到成书时仍然形同废纸的津巴布韦币），我们都认为用这些纸币可以买到我们想要的东西，我们接受这些纸片作为工资，接受这些纸片作为报酬，也接受这些纸片作为与买卖货物等值的物件。

但是如果是一个黑猩猩想用这样的纸片去换取其他黑猩猩手中的白蚁串，那一定会挨揍的。用钞票进行物品的交易和买卖，也是人类独有的特殊行为。

货币是如何出现的，这些在众多经济学著作中都有解释，通常举例子的一般等价物就是金银，但事情并非这么简单，很多一般等价物都是有实际用途的东西。丝绸、棉布和可可豆都曾经是重要的货币。相反，让大家接受金银着实费了一番工夫，这又是为什么呢？

人类为什么需要货币

　　人类为什么需要货币，最简单直接的解释就是便于商品交换。

　　在前文我们已经说到，人类在农作物的诱惑下定居了下来，又因为农作物的需求出现了大规模的协作。在长期协作的过程中，人群之中出现了更为精细的分工，随之而来的是生产效率的提升。精于种小米的人，有了多余的小米；精于养殖的人，有了多余的鸡蛋；精于织布的人，也有了多余的麻布。

　　种谷子的人可以用自己的谷子去交换鸡蛋，也可以去交换布匹，但是达成交易的前提是，对方需要小米。如果种谷子的人想拿谷子换取麻布来做一身新衣裳，但是织布匠并不需要谷子，昨天刚刚换了一大缸谷子，他更需要的是鸡蛋。这样一来，谷子农夫就需要先去换鸡蛋，然后再来换布，那如果卖鸡蛋的人也恰好不需要谷子怎么办？

　　物物交换还存在一个巨大的问题，就是产品的质量并不是统一稳定的，虽然同样是谷子，但口味和质量会相差很大。同样是一袋谷子来交换 10 个鸡蛋，如果是优质的谷子，自然会欣然应允，但如果是掺杂了过多的石头并且存放时间过长，这样的交易就无法达成了。

　　后来，大家发现，市场上有一家铁匠铺的生意非常好，他们锻造的镰刀质量过硬且稳定，大家都认可这种商品的价值。即便你不需要使用镰刀去收割谷子，你也可以用镰刀去交换你想要的东西，于是大家都可以把商品换成镰刀，再用镰刀去换取自己想要的商品。

大家发现镰刀还有一个好处，那就是可以长期保存，不像谷子或者鸡蛋，如果不吃掉就会腐坏，但是镰刀可以长久保存，当有需要的时候，拿出去交换商品就可以了。于是，镰刀就成为一般等价物。

到后来，部落的首领也发现了这个问题，于是命令铁匠打造了一些缩小尺寸的镰刀。虽然这些镰刀并不能用于收割谷子，但是它们仍然能进行正常的交换，而且价格稳定。于是，这种缩小版本的镰刀就成了人类最初的货币。今天我们在博物馆仍然能看到中国古代的货币，很多都是缩小版本的农具或者其他金属工具。

当然，还有一些稀有的装饰物也可以成为货币，比如在内陆区域不易获得的贝壳，或者是自然界本来就稀缺且不易开采的黄金。这些都拥有货币历史，直到今天黄金仍然是最保值也最容易让人接受的货币。

不过，并不是人类文明存在所有的区域都有这样的铁匠铺存在，也不是所有的地方都对黄金和贝壳好奇，比如当年美洲原住民就难以理解欧洲殖民者拿到黄金和白银时表现出的那种癫狂，为啥黄色和白色的金属块能让人走火入魔，这恐怕是当时的印第安人想破头也想不出来的问题。

因为南美洲的人类选择了完全不同的一般等价物，那就是植物类制品。

而植物类的产品，恰恰能满足上述三个条件，有实用性，大家都能接受，并且能够长时间保存。很多植物或者植物制品都作为货币极大地推动了人类社会的经济发展。

玛雅人的可可豆

在传统种植条件下，可可豆的产量实在不高。在阿兹特克帝国的统治下，周围的部落都需要将可可豆作为贡品进行朝贡。这种稀缺性，一度让可可豆成为阿兹特克帝国的通用货币。当时，用80~100粒可可豆就可以买来一套华丽的服饰。而这仅仅相当于两个可可果而已（每一个可可果里面都有30~50粒种子）。

与金银不同，可可豆这些硬通货是可以吃的。美洲人吃可可豆的历史是相当久远，在墨西哥的考古发掘中，考古人员发现了公元前1900年存放在容器里的可可豆。并且在多处不同年代的遗址中都发现了可可豆，奥尔梅克人、玛雅人、阿兹特克人都喜欢吃可可豆。

在不同的美洲神话中，可可豆都是神赐的食物，在玛雅人的传说中，可可豆是羽蛇神（Plumed Serpent）赐予玛雅人的食物。无独有偶，在阿兹特克人的神话传说中，羽蛇神在满是食物的神山之上找到了可可树，并把它赐予了阿兹特克人。这些神话传说都说明这种食物的历史悠久。

可可属的拉丁文属名 *Theobroma*，是著名的植物学家林奈搞出的，含义就是神的食物（*theo*=god，*broma*=food）。起这个名字，大概是因为林奈老爷子比较迷恋可可的滋味吧。

之所以让人感觉神奇很可能与可可的生长变化有关系。我们通常看的桃李梅杏，花朵的个头与果子大小基本上是成比例的。但是可可花朵太小了，大概只有成人的大拇指指甲盖那么大。实在无法想象，这样小的一朵花，将来会变成一个比拳头还大的果子。而且，这些果子并不是挂在幼嫩的枝头，而是挂在可可树的树干之上。这种神奇的老茎生花现象也增添了可可的神秘感。

不过在可可的原产地，这种植物都没有这样高雅的名字，它们被阿兹特克人叫作 *xocoatl*，意思就是苦水。这倒是符合可可的基本滋味。

但是最初欧洲人看到美洲人吃可可的方法简直是无法接受——把磨碎的可可加入由辣椒、香草、玉米粉和来自红木的胭脂树红混合而成的浆液当中，混合均匀，打出泡沫，然后开始畅饮。

这种饮料在阿兹特克人看来是获得勇气的象征，因为这象征着敌人的鲜血。欧洲人对此的评价是，简直像泔水。但就是这样奇异的饮料却让人欲罢不能，因为可可中包括咖啡因、可可碱在内的生物碱会给人们带来非常特别的舒适感。

除了这些刺激人的生物碱，可可的风味物质也是极其有吸引力的因素。打开一个可可果，并不是棕黑色的巧克力，而是一堆白花花的像巧克力的东西，没错，在可可果内部，每一个种子外面都包裹着白色的像冰激凌一样的果肉，这层果肉有淡淡的酸甜味儿。但是这并不是我们需要的重要物质。要制作巧克力就需要把这些种子取出来进行堆积发酵。

在经过 3~9 天的发酵之后，巧克力的迷人香气就开始出现了，这个时候就需要把发酵好的可可豆进行晾晒，等晾晒干之后，或者进行打包销售，或者就进入下一步烘焙了。烘焙的作用就是让发酵产生的那些风味物质进一步反应，最终形成巧克力应有的味道。烘焙好的巧克力就可以进行研磨搅拌制作巧克力了。

后来，西班牙的贵妇们把巧克力浆里面的辣椒面和玉米粉，换成了肉桂、胡椒和肉豆蔻，再后来，还加入了精致的细砂糖和牛奶，于是就出现了现代意义上的巧克力。

在加工技术发展之后，利用压力设备，还可以把可可液块中的可可粉与可可脂分离开来，可可粉就成了各种冲饮的原料，而乳白色的可可脂则可以调配到巧克力原浆（可可液块）当中去，调节可可原浆所占的比例，从而得到含量不同的巧克力。如果直接用可可脂来加工巧克力就得到白巧克力。

肉豆蔻

除了这些特别的巧克力，市场上还有一些特别奇怪的巧克力，一是苦味很重，二是嚼起来像面团。实际上这些面团巧克力都是假的，真的巧克力会在舌尖自然融化开来。

巧克力的迷人之处就在于可可脂，这种特殊脂肪的熔点是34℃~38℃，而人体的体温恰恰在这个温度范围。巧克力会在舌尖上自然融化，丝滑的感受也因此而来。而很多使用代可可脂的巧克力风味产品就没有这样的魔力了。

所谓的代可可脂实际上是利用棕榈油氢化而成的制品，通常来说，代可可脂的熔点会比较高，所以在口腔里难于融化，也就有了嚼面团的感觉。

不过，就因为代可可脂熔点高，容易成形，加工起来倒是方便了很多。再加上价格要比正版的可可脂便宜，所以被大量应用于各种巧克力风味食品当中。只是味道就实在抱歉了。

人吃下巧克力会感觉到很幸福，那是因为巧克力中的可可碱会刺激我们的大脑产生多巴胺。而这种物质被称为幸福物质，它们与我们感受到的快乐和爱直接关联在一起。

说简单点，一家人吃年夜饭其乐融融时的幸福感，就是因为我们的大脑产生了多巴胺呢。但是，有些动物却无福消受，比如说网上流传的不能给狗狗吃巧克力，这件事是真的。因为吃了巧克力的狗狗真的会中毒，这一点尤其应该注意。因为狗狗们对付不了巧克力中的可可碱和咖啡因。这些物质可以让狗狗兴奋起来，心跳加快，发生呕吐。有点像人在短时间内喝下了大量的意浓咖啡。

但是狗狗吃巧克力的中毒症状与巧克力中的可可碱含量，以及狗狗本身的体重都有直接关系。如果大型犬只是吃了一点牛奶巧克力，那问题通常都不严重，吃白巧克力那就更不用担心了。

直到西班牙人来到美洲的时候，可可豆仍然是阿兹特克帝国的硬通货，殖民者在国王的宫殿里找到了数以万计的可可豆，参照之前的可可豆的价格，这可是一笔相当惊人的财富。

衣服料子竟然是货币

在地球另一端的中国，丝绸、布帛和小米成为实打实的硬通货。我们在很多古籍中都会看到一个有趣的现象，皇帝动不动就给功臣们赏赐丝帛，或者官员的俸禄是折合成多少斗的小米。问题是，官员家不能只吃小米呀，另外按照礼仪要求，皇帝赏赐的丝绸和布帛也不能随意裁剪损坏作为衣服原料使用啊。那么，这些赏赐和俸禄难道就是让大家放在仓库里观看的吗？当然不是！

其实这里有一个隐藏的问题：谷物和绢帛本身就是当时的货币。

从东汉到魏晋，中国人一直在把粮食和纺织品当作货币来使用。不管是上缴的赋税，还是做生意的资本，都可以用谷物和绢帛来结算。你可能会问，当时不是有金银和铜钱吗？

实际上，在中国古代，这些金属货币系统屡屡崩溃。特别是从王莽篡权开始，汉代的五铢钱体系几近崩溃，魏文帝曹丕不得不同意在市场上用谷物和绢帛充当货币，所以这两类物品有了实际消费和货币的双重职能。那么，中国的纺织品又是如何发展而来的呢？

贵族的丝和平民的麻

在关于中国纺织历史的典籍里，都会提到嫘祖，据传说，就是黄帝的这位妻子首先发现了蚕丝可以用来纺织成丝绸，并且教人栽培桑树，用桑叶来饲养蚕。于是中国人穿上了舒适轻薄的衣物。于是很多朋友可能会有这样的想法，中国人最初都是穿着丝绸的，但事实并非如此。

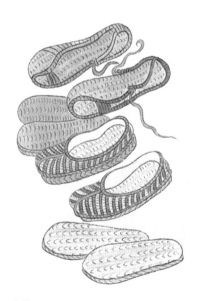

麻鞋

从商周时期到秦汉时期，中国人的衣物都有明显的等级区分，只有王公贵族可以穿着蚕丝制成的衣物。直到西汉时期，也不是所有人想怎么穿就怎么穿，即便是有财力购买丝绸的商人，如果地位不高，也只能把丝绸作为衣物内衬悄悄用在麻布衣服当中，产生了"丝里枲表"的特别衣物。

另外，在棉花织物推广之前，麻布才是中国人主要使用的衣物原料，在明代之前所说的布，指的就是麻布了。如今，麻织物又成了新兴的纺织材料，麻质的衣物更凉爽更透气，并且麻织物耐磨不易霉变，做夏天的衣物再合适不过了。这样看来，好像我们找到了一种全新的纺织材料，其实并非如此，麻才是我们国家传统衣物材料呢。不过我们所说的麻并不是一种麻，而是对苎麻、亚麻、大麻的通称，而作为衣物历史最长的当属苎麻了。

苎麻是荨麻科的植物，这个科的成员包括大名鼎鼎的"蝎子草"——荨麻，如果被这些家伙刺伤，就会体验火烧火燎的刺痛，皮肤上还会长出大大小小的水泡。还好，苎麻要温柔许多，并且它们的茎秆中的纤维在 6000 年前就开始被我们的祖先编织成麻绳使用了。到距今 4700 多年前，我们的祖先就可以用苎麻来织出衣物了，到距今 2000 多年前就已经有精细的苎麻布了。在周代时，甚至还有专门管理苎麻生产和征收的官员。因为苎麻的产量高，所以在很长时间都是普通百姓的重要衣物来源。

与此同时，有条件的贵族更喜欢蚕丝制成的绫罗绸缎。道理其实很简单，因为苎麻织出的布会扎人。苎麻的纺线同其他

大麻

材料的纺线一样，是由很多根苎麻纤维混合而成的。在合成纺线的时候，总会有一些纤维探出头来，这些纤维头被称为"毛羽"，它们就是让人感觉到刺痒的原因所在。再加上苎麻的纤维头是尖锐的，更是让人刺痒难耐。所以，在棉花大规模种植之后，苎麻就被从衣物主力的位置上赶了下来。

当然并不是所有的麻都是扎人的，比如亚麻和大麻的性能就要好得多，它们的纤维头部是哑铃状的，即便形成了毛羽也不会给我们明显的刺痛感，所以是更理想的纤维材料。

实际上，亚麻则是西方重要的纺织材料，其重要程度类似我们中国栽种的苎麻。古埃及人在一万多年前就开始利用这种亚麻科的植物了，裹在法老木乃伊身上的就是亚麻布条。但是亚麻的织物容易缩水变形，所以大大限制了它们在现代衣物中的使用。

大麻看似是一个更好的麻原料，它的纤维比苎麻、亚麻都要细，有更好的吸湿性和透气性。可是，大麻也有自己的苦衷。大麻不仅不容易染色，更麻烦的是，这种大麻科的植物因为毒品身份的嫌疑，一直得不到大规模发展。实际上，作为纤维用的大麻与产生毒品成分（四氢大麻酚）的大麻有明显的区别，我们大可不必为此担心。

同麻烦多多的麻相比，真正性能平衡，能够大量提供衣物的还得是棉花。

苎麻

柔顺的植物羊毛

在西方的传说中，棉花是一种神话般的植物，它们来自一只小羊，当小羊把身旁的绿叶啃食干净的时候，就会留下一身洁白的羊毛供人们采摘。在公元 10 世纪的时候，棉花被带到了西班牙，并在此生根发芽，发展了欧洲最初的棉纺织业。但是，当印度的印花布被贩卖到欧洲的时候，欧洲人立刻就被这种面料征服了，柔软的质地，舒适的穿着感加上艳丽的色彩，那才是完美的穿着材料。实际上，欧洲在 18 世纪才有了真正意义上的棉纺织品。

到今天为止，棉花已经是运用最广泛，用量最大的天然纺织材料。这跟棉花出色的性能是分不开的。棉花的纤维长，容易纺线，容易牢固地附着色素，并且有良好的吸湿性和透气性，简直就是为人类衣物而生的材料。

虽然叫花，但是我们用的并不是棉花的花，而是种子上的纤维附属物，就好像我们会长出头发一样，棉花的种子会长出很多雪白的纤维。不过，表面上看这些棉花纤维是白色的，但是在显微镜下我们就会发现他们的真身是透明的。只不过这些纤维是中空的，其中填充的空气让我们感觉棉花是白色的了。也正是因为中空的结构，棉花才有了很好的保暖和透气性能。

我们常说的棉花并不是一种植物，人类种植的棉花有四种，分别是草棉、亚洲棉、大陆棉和海岛棉。其中，草棉发源于非洲南部，一直向东传入我国。但是由于纤维粗短，并不是纺织的好原料，现在已经很少有栽种了。至于亚洲棉是我们国家栽种历史最长的棉花种类，这些棉花从印度经过缅甸、泰国和越南传入我国南方，在战国时期就有种植棉花的记录，但是一直到 12 世纪的时候才真正推广到中国全境。在随后的数百年时间里，亚洲棉一直是中国棉花的主力。只是亚洲棉的纤维还是不够长，在大陆棉出现之后，很快就被取代了。

目前，世界上种植最多的是来自美洲的大陆棉和海岛棉，大陆棉出产于中美洲的大陆区域，而海岛棉的老家则在南美洲、中美洲和加勒比海地区。美洲两兄弟的棉纤维很长，很适合纺织，特别是大陆棉的栽种性能优良，几乎占目前棉花产量的 90% 以上；海岛棉的产量虽然只有 5%~8%，但是海岛棉的纤维是四种棉花中最长的。所以被用于高档面料的纺织，算得上是棉花中的贵族了。

棉花种植成为新的经济发展的动力，直接推动了社会经济的变革。

棉花和资本的原始积累

在今天的中国，江浙沪区域是中国经济最发达的区域之一。但是，在唐朝之前，这里仍然是一片泽国的荒芜区域。当时的中国经济的中心仍然在华北和关中区域。

江南区域的兴起和发展与两个历史事件密切相关。其中之一是宋朝的南迁事件，随着人口迁移而来的还有大量的资本和先进生产技术。囿于当时的中国北方一直处于战乱状态，而在长江的天然护城河的防御之下，江南的农业和手工业都迅速发展了起来。在众多南下的移民的努力下，很多沼泽区域都被开垦成了农田，并且移民带来了桑蚕纺织技术，很快就让江南区域成为中国的丝织品制造中心，并一直延续到今天。实际上，在宋朝之前，山东才是中国丝绸生产的核心区域。

除了宋朝的南迁事件，明代江南区域棉纺织业的兴起，极大促进了江南经济的发展。

为什么粮食和蔬菜的生产都没能刺激经济和市场的空前发展，反倒是棉纺织业解决了这个问题呢？其实道理并不难理解，因为粮食和蔬菜的消费都是有上限的。在不考虑用粮食和蔬菜去饲养动物获取肉食的情况下，一个成年人一天能吃多少米饭，一年能消耗多少蔬菜，基本上不会有太大波动。即便是有钱的地主阶级，也不可能无限制地购买粮食和蔬菜，在这种情况下，农业生产总量的天花板显而易见。即便能极大提高产量，但也并不能推动经济的高速发展。

但是，纺织品就完全不一样了，即便在旧衣服没有破损的情况下，我们仍然可以穿上新的衣服。通过商人的宣传和推广，我们衣柜里的衣服就会不停增加，而这个市场理论上是没有上限的，谁不愿意拥有更多更美丽的衣服呢?

如果商品的售价过高，势必会影响商品的售卖，毕竟吃饱穿暖才是第一要务，至于穿得漂亮，这就是更高等级的追求了。而最初的棉织品就存在价格过高的问题。因为最初的棉花纺织品生产中有逾越不了的困难，其中最关键的问题就是把棉花种子从棉花中剥离出来。

与其说种子混在棉花里，不如说棉花长在种子上，每一条棉纤维都紧密地附着在种皮之上，在轧棉机出现之前，需要靠人力一粒一粒地把种子剥出来，一个熟练工一天能够加工棉花不过二三斤。这也使得棉织品的价格居高不下。

在宋末元初的时候，黄道婆的新技术让纺织品成为商品获得了新的契机。黄道婆不仅发明了去除种子的轧棉机器，还改进了纺织工艺，极大地提高了棉纺织品的生产效率。

与此同时，从元代开始，江南区域出现了棉花与水稻轮作的耕种方式，为棉纺织业提供了充足的原料。

在纺织技术和原料双重条件的支持之下，江南区域的纺织业蓬勃发展，成为经济最为发达的区域。当时负责管理纺织品的江宁织造，已经是举足轻重的官员。著名文学家曹雪芹的祖父曹寅就曾经担任这个职务——江宁织造。

从曹雪芹在《红楼梦》的描写中，我们可以感受到这个官职为曹府带来的收益是何等巨大。刘姥姥进大观园的时候，被一道名为茄鲞的菜品给震撼了。

"这也不难。你把才下来的茄子，把皮刨了，只要净肉，切成碎钉子，用鸡油炸了，再用鸡肉脯子和香菌、新笋、蘑菇、五香豆腐干、各色干果子，都切成钉儿，拿鸡汤煨干了，将香油一收，外加糟油一拌，盛在瓷罐子里，封严了；要吃的时候儿，拿出来，用炒的鸡爪子一拌，就是了。"如此繁复奢侈的菜品也仅仅是贾府中的一道寻常小菜。

很多读者可能跟我一样，无法理解一个掌管纺织的官员为何有如此大的阵势。

不卖香料卖棉布

在地球的其他角落，棉花也推动着历史的发展。17 世纪中叶，英国人与荷兰人就殖民地利益打得不可开交。在 1664 年，英国人用摩鹿加群岛的香料贸易权与荷兰人做了一笔交易，换到了北美东海岸的一小块殖民地。在当时，这块荷兰人的殖民地仍然是一个进行皮草贸易的小港口，看起来并没有多大的价值。就在荷兰人没事儿偷着乐的时候，英国人已经开始了自己构建日不落帝国的宏大事业，这一块不起眼的殖民地新阿姆斯特丹，如今被称为纽约。英国人想要的不仅是一个奢侈品的产地，更想要的是一个巨大的可以攫取利益的市场。

东印度公司开始向印度输出工业生产的棉布，彻底击溃了印度的手工业体系。随之而来的是各种商品的倾销和原材料的掠夺，如此一进一出，将印度等殖民地积累了上千年的财富尽数卷入囊中。棉花不仅是简单的衣物，还扮演着财富收割机的角色。

在这一章，我们回顾了在人类历史上作为货币出现过的植物，以及这些植物对人类社会发展的影响。实际上，在棉花和棉织品成为重要商品之前，人类就开始寻求那些价格高昂的植物制品，并试图获取高额利润。正是这个动机最终促成了地理大发现，也让整个世界最终连接成一个整体。在下一章，我们将带大家一起去探寻那些让世界融合的特别植物。

第八章

从香料到水果，
把世界连接在一起的植物

人类是被香料奇特的风味所吸引，那不过是享受香料的虐感。丁香、肉豆蔻奇特的味道是人类主动求虐的结果，口味上的寻求刺激。

大量使用香料的人的荷包被植物狂虐。

先说一个我亲身经历的事情，去巴厘岛学做印度尼西亚菜。印度尼西亚菜与中餐的基本做法非常类似，什么蒸煮煎炒炸，完全都一样。如果不说明地点，还以为进了中国云南某小餐馆。然而，不一样的就是不一样，印度尼西亚菜的酱料制作完全不一样，生姜来一点，大蒜来一点，洋葱来一点，胡椒来一点，丁香来一点，大料来一点，桂皮来一点，姜黄来一点，香茅草来一点，最后再用堪比大油的椰子油来炒。这样的酱料加炸串，一串下去再也不想第二串。忽然发现，为什么那么多的中国朋友对印度尼西亚菜那么不习惯了，这么多不搭调的香料混合在一起，怎么会好吃呢？

但是在热带区域，人们都是乐此不疲，特别是印度的咖喱和印度尼西亚的传统菜肴，其中复杂香料构成的浓郁酱料只是为了舌尖上的愉悦感吗？

丁香

姜黄

咖喱背后的秘密

凡谈咖喱，多半想到的就是印度咖喱。咖喱这个名字几乎是同印度绑定在一起的词汇。我第一次吃印度咖喱竟然是在斯德哥尔摩，那种强烈的味道实在让人无法忘怀。

印度咖喱是混合了辣椒、胡椒、洋葱、大蒜、生姜几种必选主料，以及小茴香、肉豆蔻、桂皮、丁香、小豆蔻几种可选配料，再加上姜黄上色的混合调料。至于煮的东西也是

生姜

千差万别，鸡肉、羊肉和各种蔬菜都可以成为咖喱的配料，其中又以蔬菜和鱼为主。特别需要提醒的是，我们最熟知的菜式——咖喱牛肉在印度几乎是不会出现的，因为绝大多数印度人是不吃牛肉的！并且大多数印度人（特别是印度教徒）是素食主义者。

与我们的想象不同，在印度并没有一种标准的咖喱配料，所谓咖喱"curry"一词的本意就是酱汁，所有煮成浓稠状的肉汤或者豆子汤都可以被称为广义上的咖喱，或者可以说酱汁搭配的菜都可以叫作咖喱。并且不同区域口味千差万别，什么是标准的印度咖喱味，其实是个没有答案的难题。附带说一下，辣椒是葡萄牙人在16世纪才带到印度的，在此之前主导辛辣味道的调料就是胡椒。其实，在世界范围内定义印度咖喱味道的是英国人。

因为英国同印度之间的固有联系，英国咖喱也与印度咖喱最为接近。基本上把印度咖喱直接搬回了英国，可以说是除了印度，最正宗的咖喱了。（可问题来了，正如上一节所说，印度咖喱其实也没有模板，何谓正宗呢？）从某种意义上来说，所谓的标准的咖喱，还是英国人在印度期间定义的——一系列由印度炖肉和蔬菜浓汤组合而成的菜肴。

对于英式咖喱不得不提的是，一项特殊的发明——咖喱粉。咖喱的制作不再需要研磨新鲜的香料，因为各种调料都预先配置好了。但是这带来了很多麻烦，没有经过油煎的香料粉直接放入汤汁中，会产生不愉悦的味道。为了让汤汁浓稠，英国厨师又愿意加入油面糊，而不是印度本土使用的碎杏仁、椰子奶油和洋葱糊。这就让英国咖喱变成了另外一种东西。为了弥补口味上的缺憾以及原料的不足，在咖喱中加入了葡萄、苹果，及出锅时必放的柠檬汁。这使得英式咖喱与印度咖喱之间有所区别。

另外有必要说明，英国的咖喱烤鸡并非正宗的咖喱，而是因为厨师为了解决食客的抱怨——烤鸡太干了。于是这位厨师将一罐坎贝尔番茄汤，一些奶

茴香

177

虎

油和几种香料搅和在一起淋在了鸡肉上。今天，这个发明竟然成了大不列颠的新国菜！

不管怎么样，辣椒、胡椒、洋葱、大蒜、生姜、小茴香、肉豆蔻、桂皮、丁香、小豆蔻几乎成为所有咖喱的模板，世界各地的咖喱都是在此基础上升级和变形而来。

这些香料的存在是有道理的，因为它们可以帮我们驱虫。在自然界中，人类最大的威胁并不来自豺狼虎豹这些大型猛兽，而是细菌、病毒、寄生虫这些看不见的盗贼。想对付它们，栅栏高墙都没用，只能发动化学战争，靠吃来对抗入侵者。

对疟疾渣这样的寄生虫来说，最直接的解决办法就是用自由基来打击。对，就是那个经常背黑锅的自由基，据说，什么细胞衰老和损伤都是它们的错。

然而，人家自由基有自己的用处，那就是杀灭寄生虫。想要提高自由基的活跃度，那还得找植物帮忙啊，桂皮、丁香、肉豆蔻、大蒜、洋葱和罗勒都是这样的好调料，不仅味道浓烈，威力也不小。这也就解释了为啥东南亚人钟爱丁香、肉豆蔻，意大利人发疯地喜欢罗勒，那是因为这些地方都是疟疾横行和肆虐的区域，吃香料其实是为了抗疟原虫。

用香料炫富的欧洲人发现了新大陆

但是，欧洲人才不管那么多，人家要的是炫富。除了地中海沿岸，欧洲的绝大多数区域都没有疟疾的烦恼。但是从古罗马开始，人们就开始接触东方的香料，这个传统就一直保留了下来。在 15 世纪的时候，以胡椒为首的香料成了欧洲贵族炫富的主力物品，那时候的胡椒瓶都是被家庭的女主人精心保管起来的。谁家的香料放得多，那是实力的炫耀和表现。

然而，随着奥斯曼土耳其帝国的崛起，东西方的香料之路受到了巨大的影响。这个时候，有一个人站出来说，他能开辟全新的通往印度的海上航线，那个时候人们刚刚知道地球是圆的，这个人的名字叫哥伦布。但是，并没有人信他，在经历了长期艰苦的忽悠之后，西班牙国王决定为他买单。

于是，哥伦布带着几艘船去找印度了，并且声称找到了印度，而且还真带回了很多超辣超辣的胡椒，这个事件被称为地理大发现。只是，我们现在知道，哥伦布带回的其实是辣椒，而他发现的印度其实是加勒比海上的西印度群岛。世界版图重新划分竟然与香料密不可分。

其实，中国人也有一个独特的香料，那就是花椒。在传统上，花椒的象征意义远大于其实际意义。在这个阶段，除了偶尔尝试将花椒作为药物使用之外，花椒就是一个尽人皆知的吉祥物。比如，花椒繁密的果实被同多子多福联系在了一起。其中最出名的故事就是赵飞燕。传说，赵飞燕成为汉成帝的皇后之后一直都没有子嗣。用尽各种办法求子，花椒也是其中之一，赵飞燕居住的宫殿抹上了和着花椒的灰泥，但最终仍然未能如愿。

至于说花椒进入中国人的口腹，还是从药用和椒酒开始。虽说花椒做成的椒酒在两汉时期就有了饮用记录，但遗憾的是，这种风味一直都没能扩散开来。真正进入餐桌已经是唐宋之后的事情了，其中一个很重要的原因就是，花椒被赋予了新的象征意义——李时珍在《本草纲目》中记载，"椒纯阳之物，乃手足太阳，右肾命门气分之药，其味辛而麻，其气温以热，禀南方之阳，受西方之阴"。这才是众人开始吃花椒的原因。

今天我们知道，花椒里的 α – 山椒素有很强的抗蛔虫的能力，而蛔虫又是在化肥推广之前，农耕民族的一大困扰。这大概是中国人吃花椒的主要原因。

与欧洲人渴望的香料不同，中国人的花椒可以自给自足，房前屋后种上两棵花椒树就能满足一家老小对花椒的需求。这种典型的小农经济模式极大延缓了中国商人向外探索的速度。

但是欧洲人就不一样了，欧洲冷凉的气候不适宜包括胡椒、丁香和肉豆蔻在内的热带香料的种植，要想获得足够的香料就要去买买买。在香料的驱使下，欧洲人成功到达了美洲。请注意，欧洲人不仅仅从美洲带回了辣椒、菠萝、番木瓜，也为美洲带去了特别的植物，苹果就是其中之一。谁也没有想到，一直作为果酱和馅儿饼原料的苹果，在旅居美洲之后竟然一飞冲天，成为影响全世界的水果。

苹果的世界流转

苹果是善变的植物种类，全世界的苹果品种超过 1000 个。如果任由这个水果种族自生自灭地发展的话，你永远都找不到两棵相同的苹果树。因为苹果执行着严格的繁育法规——自交不亲和，也就是说，苹果种子总是两棵苹果树的爱情结晶，虽然一朵苹果花上同时准备好了精子和卵子。纷繁的交流和组合注定了野生苹果林是一个结着不同大小、口味果实的混乱集合体，这就好像在人类世界很难找到两个完全一样的个体（双胞胎除外，当然，植物中也罕有双胞胎出现）。所以，我们有了各种不同口味的苹果，从脆甜的富士苹果到绵软的花牛苹果。

当然，最初的苹果并不是主要的水果，在欧洲，它们被做成了馅儿饼和果酱，而在美洲，酒瓶才是大多数苹果的最终归宿。最初来到新大陆的殖民者总是要解决吃喝拉撒的问题，主食可以吃玉米，但是却喝不惯那些龙舌兰酒。欧洲葡萄在美洲的种植也是屡屡受阻，因为美洲的根瘤蚜就是欧洲葡萄的天然克星。

喜欢喝两口的新美国人，只能求苹果树帮忙了。虽然这个时候的苹果不够脆，也不够多汁，没关系，反正是要进入发酵大桶的。于是，在新大陆，苹果承担了一个重要的任务，酿酒原料。

酿出的苹果酒像葡萄酒一样绵软，并没有劲道，缺乏足够的蒸馏设备的殖民者，只能依靠寒冷的冬天来制造烈酒。没错，就是把苹果酒放在 -30℃ 的冰天雪地之中，等待其中的水冻结成冰，然后把这些冰坨从酒桶里面捞出来，这样就得到了苹果烈酒。

人类确实能对抗水果的诱惑，不吃不吃就不吃，但是禁酒令改变了新大陆酒类市场的命运，也改变了苹果的命运。20 世纪 30 年代美国严禁酒精饮料出现在市场上，这可急坏了一些好酒之人。地下黑市的嗜酒之人总会找一些政策的漏洞，比如说，葡萄干砖包装上的警示语是这样的：千万不要把葡萄干酵母放在注水的水缸里混匀，以免产生酒精饮料，但是这不过是小打小闹，并不能解决苹果的出路问题。

苹果生产商们迫不得已，从酿酒原料商变身水果供应商。但是要想让市场接受一个全新的水果谈何容易。于是，水果产业中最经典的广告横空出世，"One apple one day, Doctor go away"，"一天一苹果，医生绕着走"。不用怀疑，这个被奉为营养金句

最初的苹果并不是主要的水果，在欧洲，它们被做成了馅儿饼和果酱，而在美洲，酒瓶才是大多数苹果的最终归宿

的谚语竟然是卖苹果的广告语。

后来，在粮食极大丰富之后，淀粉类食物成为酒精的主要原料。而拥有庞大基因库的苹果成为鲜食水果的巨量供应商。"一天一苹果，医生绕着走"就是苹果商的广告语而已。

虽说酒香不怕巷子深，但是这酒至少是香的，那苹果不好吃，也上不了台面。还好，有人在之前就为美国人准备了足够的基因库。今天能吃到如此美味的苹果，还要感谢100年前辛勤收集苹果种子的那位美国大叔——苹果佬约翰尼（约翰·查普曼）。19世纪初他在俄亥俄州中部的丘陵地带搞定了几块土地，从此开始了他的苹果收集工程。收集的过程很简单，就是从那些果汁工厂的废渣中把种子刨出来，然后送到自家的果园里面进行栽种培育。据说，他刨出的苹果种子装满了几艘货船。于是，到了19世纪30年代，约翰尼已经把自己的果园塞得满满当当。而这些苹果个体就成了美国苹果界的老祖宗。

中国人吃上苹果其实是很晚的事情，在中国古代，我们的祖先只能吃到一种叫奈的绵苹果，从名字就可以看出，这种水果的口味不大靠谱。真正的现代苹果是在20世纪初才进入中国的。

苹果的流行大大改变了中国传统的水果市场。以至于我们总感觉，苹果压根儿就是中国原生的水果。在圣诞节的时候，大家也开始互相赠送礼物了。在国外，圣诞节礼物都是向圣诞老人求来的礼物，但是在中国怎么能不讨个好口彩呢？于是苹果以平安果的身份顺利上位，成为圣诞节的代表性水果。

当然，改变世界的水果远不止苹果，一种水果改变一个国家的命运的故事还发生在各种猕猴桃身上。

猕猴桃，让水果实现生产工业化

第一次吃到软枣猕猴桃还是在果壳办公室，同事带来了一大包绿乎乎的小果子。单论模样，就像没有完全成熟的枣子，或者是通体碧绿的小番茄，总之是没有办法把它跟猕猴桃联系起来的。因为软枣猕猴桃外皮上的绒毛和斑点，反倒像枣子一样光滑，这跟大多数常见的猕猴桃并不一样。只有一口咬开，那种特别猕猴桃的风味才能证明它们的猕猴桃身份。

毫无疑问，大家多少都厌倦了传统的水果，即便苹果再鲜甜，即便西瓜再多汁，最多也就是个基本款，当作水果的基础选择，完全不能勾起人的欲望。

猕猴桃

覆盆子

于是市场上出现了一些引人注目的特别水果，榴莲、醋栗、覆盆子莫不如此。完全不同于传统水果的外形和口感使得这些新兴水果异军突起。这些新兴水果中其中一种有了一个全新的名字——奇异莓。不管是从外形还是口感来说，它就是软枣猕猴桃。

这奇异莓跟软枣猕猴桃有什么关系，它们是不是新西兰培育的新品种呢？

其实奇异莓就是软枣猕猴桃，奇异莓这个名字不过是个特别的商品名而已。并且这种水果也不是新西兰人从传统的猕猴桃中选育出来的。它们就是土生土长的猕猴桃科猕猴桃属的软枣猕猴桃。软枣猕猴桃的分布区遍及中国北方的大部分地区，从黑龙江到广西，从南到北都有这种猕猴桃的分布。另外在朝鲜、日本还有俄罗斯的西伯利亚也都有软枣猕猴桃的分布。

软枣猕猴桃虽然个头比较小，但是味道一点儿也不差，皮薄汁多，果肉细腻，甜度也不错。但是软枣猕猴桃一直都没有成为商品化的水果。摆在软枣猕猴桃面前有两大难题，一是难于通过杂交提升品质；二是皮薄馅儿软，难以远行。

好爸爸？坏爸爸！

同其他猕猴桃一样，软枣猕猴桃的植株有两种性别，雄性植株和功能性雌性植株。其中，雄性植株就只会产生花粉，也就是说相当于爸爸；而功能性雌性植株的花朵上虽然也有雄蕊，但是这些雄蕊都是样子货，并不会产生可育的花粉，也就是说相当于妈妈。这样看来，似乎并不存在什么样的障碍，但问题不是这么简单。要想给软枣猕猴桃找个好爸爸其实并不简单。

对于普通果树这点似乎并不难，比如，用甜的苹果当妈妈和大个头的苹果当爸爸杂交，前者提供胚珠，后者提供花粉，两者结合形成的种子里面很可能出现又大又甜的后代。因为不管是苹果妈妈，还是苹果爸爸，它们的优良特征都会在自己的果实上暴露无遗。但是猕猴桃就不一样了。

雄性的猕猴桃植株不会结果子，所以我们完全无法判断，这个爸爸能不能为后代的果实贡献优良的基因。就好像我们无法判断一只大公鸡能不能让后代生出更大的鸡蛋。虽然这些基因就写在爸爸们的基因里，但是我们无法从表象上得知。

所以，用杂交手段选育猕猴桃就像是在买彩票，我们永远无法准确预测在什么时间以及什么情况下能中奖，一切都要靠运气。

不能远行的秘密

当然，不能通过杂交快速培育出更好的奇异莓还不是软枣猕猴桃的死穴。皮薄、不耐储运，成熟迅速，货架期短才是软枣猕猴桃的死穴。软枣猕猴桃只能看着中华猕猴桃和美味猕猴桃两个老大哥攻城略地，成为新兴的水果之王。

其实早在 19 世纪，这些小个头的猕猴桃就进入水果商的视线。因为这些猕猴桃酸甜适口，并且均一性很高，不像美味猕猴桃那样需要千挑万选才能尝到好味道。西伯利亚的居民很早就开始采食这些美味的水果了。甚至有俄国种植者预言，软枣猕猴桃将成为新兴的水果。

就是因为上述两个缺陷，到今天为止，软枣猕猴桃仍然是一种半野果半水果的果实。

好在猕猴桃家族的种类众多（全世界的猕猴桃属植物有54 种，我国至少有 52 种），东方不亮西方亮，有一些猕猴桃从中国出走之后在随后不到 100 年的时间里，就变成了世界水果的宠儿，并且推动了一个国家的国际贸易，这不得不让人惊叹，这个故事的主角就是美味猕猴桃。

猕猴桃在中国的食用历史非常悠久，它们是《山海经·中山经》的阳桃和鬼桃，是《诗经》中的苌楚，直到李时珍的《本草纲目》中才解释了猕猴桃名字的来源，"其形如梨，其色如桃，而猕猴喜食，故有诸名"。

在清代植物学家吴其濬的《植物名实图考》中曾记载，江西、湖南、湖北和河南等地的农夫会采摘山中的猕猴桃，拿到城镇售卖。但是猕猴桃在古代中国一直都没有发展成一种重要的水果。甚至到 1978 年的时候，中国猕猴桃的栽培总面积都还不足 1 公顷。而在同一时间，猕猴桃已经成为新西兰的重要出口商品了。

1904 年，一位新西兰女教师来到中国，探望她在湖北省一所教堂传教的妹妹。谁也没有料到，这个女教师竟然同猕猴桃的命运牢牢地绑定在了一起，她就是伊莎贝尔。就在那一年，伊莎贝尔带着一小包美味猕猴桃的种子回到新西兰。这包种子成为整个新西兰猕猴桃产业的基石。

实际上，在伊莎贝尔之前，有很多植物猎人已经将猕猴桃的种子送往欧洲和美洲。1900 年，寄回英国的猕猴桃种子顺利生根发芽；1913 年的时候，美国各地也有超过 1300 株猕猴桃。但奇怪的是，这些猕猴桃都没能结出果实。说起原因，也真够戏剧性——英国和美国培育的首批美味猕猴桃植株都是雄的！

我们平常看到果树（比如苹果和桃子），都会开出既有雄蕊也有雌蕊的两性花朵。只要顺利完成授粉就能得到我们心仪的果实。即便是面对苹果这样执拗的自交不亲和植物（自己的花粉无法给自己的胚珠受精，也无法促使果实发育），也没有问题。只要我们培育出一批苹果树，通过异花授粉也可以得到果子。

但是猕猴桃就不一样了，它们是功能性的雌雄异株植物——雄性植株就只有雄蕊，也就只能产生花粉；而功能性雌性植株，虽然既有雌蕊又有雄蕊，但是这些雄蕊都只是摆设而已，根本不能产生合格的花粉，这些外表上的两性花都只是雌花而已。所以，对任意一种猕猴桃来说，都必须由雄性植株和雌性植株相互配合，才能真正实现开花结果。

同威尔逊相比，伊莎贝尔无疑是幸运的，因为她带回新西兰种子繁育出的三株植株中有一株雄性植株，还有两株功能性雌性植株。幸运女神显然更为眷顾我们的女教师，而非植物猎人。

当然，一种水果能否在市场上取得成功，首先要解决两大问题：一是种得出，二是运得走。这两点说起来、看起来都很容易，但是实际操作起来却是困难重重，新西兰的美味猕猴桃当然也跳不出这个规则的框框。不过，新西兰人没有放弃，他们开始一点一点解决问题。

我们在前面提到，幸运的新西兰人得到一雄两雌三株美味猕猴桃，这三株猕猴桃的后代至今仍然统治着猕猴桃产业。首先，猕猴桃种植者花了很长时间才搞明白，虽然猕猴桃雌性花朵上也有雄蕊，但是这些雄蕊都是装模作样的"残次品"，并不会产生花粉。要想得到果实，就必须让雄性植株的花粉，为这些雌花授粉。这一步，既可以用人工的方法实现，也可以由蜜蜂来代劳。更重要的是授粉质量直接关系到猕猴桃的个头和品质，于是为果园提供授粉服务也成了一个新兴的产业。

在解决了结果的问题之后，美味猕猴桃在新西兰开始迅速扩张。在20世纪30年代，美味猕猴桃在新西兰掀起了一场猕猴桃热，越来越多的果园开始种植猕猴桃。1924年，新西兰种植者在实生苗中发现了猕猴桃的传奇品种——海沃德（Haywad）。谁也不曾料到，这个品种竟然统治整个世界猕猴桃市场长达60多年。这种猕猴桃个头大，果形漂亮，酸甜适度，储藏性能优良（室温条件下可以存放30天），简直就是为市场而生的水果。

但是新的问题来了，要想进入国际市场，猕猴桃果实就必须要经得起折腾。即便是最温柔的空运，对水果来说也是异常可怕的旅程。且不说意外磕碰，单单是过度成熟腐烂变质就够水果商们挠头了。还好，美味猕猴桃在采摘之后，还可以慢慢成熟，并且通过调节储藏温度，我们可以在一定时间内让猕猴桃"暂停成熟"，大大延长保鲜时间。对于海沃德品种来说，2℃左右是最佳储藏温度，在这个温度条件下，它们的储藏时间可以长达6~8个月。

在20世纪60年代之前，美味猕猴桃通常会被西方人称为"宜昌醋栗"（Yichang gooseberry）或者"中国醋栗"（Chinese gooseberry），一听就是酸溜溜的果子。后来，有人提出叫新西兰国鸟几维鸟（kiwi）的名字，将猕猴桃命名为"奇异果"（kiwi fruit）。到今天，猕猴桃以"奇异果"的名字杀回中国老家的市场，更是让软枣猕猴桃有了"奇异莓"（kiwi berry）这个洋气的名字。

甘蔗是促成黑奴贸易的元凶

就在猕猴桃顺利打开美国市场之前，这片大陆其实早就受到过植物的洗礼了。从本质上看，塑造今天北美洲社会形态的幕后主使仍然是植物。

从 16 世纪开始，欧洲殖民者带来了旧世界作物和家畜，彻底改变了美洲的生态环境。马匹的引入直接改变了运输形态和战争形态。虽然在欧洲人到来之前，美洲人也在努力驯化驮畜，但遗憾的是美洲没有适合驯化的大型动物，北美野牛过于凶猛，而羊驼的身板又过于单薄。所以，在欧洲人把马匹引入美洲之前，所有建筑都是基于人力建造，于是这里也就没有发展起有效的车辆以及附属的其他系统了。随着马、牛这些牲畜的涌入，直接改变了美洲的很多生态环境，树林变成了草原。随着建立了新的社会体系。在北美洲和南美洲建立起了两套完全不同的社会体制。

北美洲是基于最初的拓荒财产选举权原则，简单说就是选举权和被选举权是与财产绑定在一起的。1669 年起草的卡罗来纳的基本宪法中就明确指出，"在其所在选区，自由不动产少于 500 英亩土地的任何人不得被选为议员；在其选区，自由不动产少于 50 英亩土地的任何人也不具备选举上述议员的投票权"。

其实在北美殖民地发展的初始年代，这种做法确实可以优选出那些能力强经营管理好的候选人代表，在北美资本主义社会发展初期，确实起到了很好的推动作用。但是，北美殖民地特别强调财产和权力的对等，在数百年后也成为阻碍社会进一步发展的羁绊。过于强调资本的重要性，在很大程度上影响了资源分配的公平性，以及社会的安定程度。当然，这都是后话了。

至于说在南美洲，一直都没有分配土地，大家分配的是奴隶。最终作为生产资料的土地一直被极少数人把持着，这种情况一直影响着社会模式。而在此基础上，催生出黑奴贸易就是必然的结果。很多人可能会问，为什么要千里迢迢从非洲把黑人运送到美洲，而不是直接奴役美洲当地的印第安人？

从表面上看，那是因为当地的印第安人群体并不多，还被欧洲人带来的传染病（天花和疟疾）屠杀殆尽。同时，非洲人不仅对疟疾和天花有一定的抗性，可以有效地进行长时间的劳作。并且，非洲的大量的部落处于原始状态，很容易被奴隶贩子绑架。

于是，一个黑暗的贸易三角形成了，奴隶贩子带着廉价工业品从欧洲出发，到非洲换成黑奴，然后把黑奴运到美洲种植园，所得资本再换取糖、烟草和黄金白银，把后面这些再运回欧洲，一个三角贸易圈就形成了。

当然这样的结果是促进了不同人群的融合。

其实北美出现奴隶贸易，以及非洲到美洲的人口转移，并不是偶然的行为。印第安人没有成为奴隶，其实是有历史必然的。这个跟不同人群的特点有关。美洲种植的作物需要大量的人口，然而印第安人没那么多啊。当时在美洲种植的主要是烟叶和甘蔗，这两种作物都需要巨大的劳动量。反观在亚洲香料群岛，因为要控制产量和需的人手不算密集，所以没有奴隶的需要。

起初，欧洲殖民者真的是自己参与劳动，辛辛苦苦干活，后来发现这样干实在是太惨了。想雇用当地人吧，但是跟印第安人的矛盾也很大，成天就是打打杀杀。

更重要的是，美洲原住居民都被欧洲人带来的"大礼包"（疟疾和天花等传染病）给祸害光了。欧洲人带来的传染病，几乎把美洲人口都搞垮了。在欧洲人到来之前，美洲就是一块天堂啊，几乎没有大规模传染病。但是，欧洲人带来了两大进攻武器，天花和疟疾，这是美洲人根本就无法抵御的疾病啊。得了这些病，基本上就是个死呀。

美洲回馈了欧洲一个大招就是梅毒。这种诡异的疾病一直折腾了欧洲几百年，法国人叫它意大利病，波兰人叫它法国病，俄罗斯人叫它波兰病，总之是把欧洲祸害了一圈。还好欧洲毕竟人多啊，总算没出啥大事儿，虽然很多大人物的鼻子都掉了。

好了，既然传染病把美洲当地人灭了，可还得有人干活啊。这就需要输送人口，正好非洲有很多人，抓来就好了。非洲人也怕疟疾，但比美洲人好多了。更重要的是去非洲抢人能完善贸易链条。

这是一场血腥的贸易行动，把欧洲的廉价工业品装上船，运到西非之后，换成黑人奴隶，把奴隶装上船运到美洲换成真金白银或者烟草，再把这些东西运回欧洲换成工业品。反复循环。这个死亡三角贸易赚取了巨额的利润。

被鞭笞的黑奴

注意，商人看到的是利润，并不是单纯的奴隶压迫，对这点一定要分清楚。美洲种植园里看黑奴，其实就跟自动化种植机器一样。农场主才想不到什么奴役，就是当机器用，用坏了就换。反正有运奴船运来。

贸易需要大网络才能赚取更多利润，经济学就不多说了。但是，有一点可以参考，玩过《大航海时代》游戏的朋友都应该记得，在限定区域内贸易线路越多，商品购买和售卖的差价越大，利润就越丰厚，当然就能赚更多的钱。

如果把工业品从英国直接运到美洲，就无法赚取贩卖黑人奴隶可以获得的巨大差价。而追逐高利润的原始动机，会促使商人找到利润率更高的模式，甚至在非洲有意挑起部落之间的战争，以获取更多黑人奴隶。

印第安人没成为奴隶绝不仅仅是身体素质和文化的原因，这其实是地理大发现这个大背景下的必然结果。而黑奴贸易则带来了世界人口的巨大流动，这种流动也与特殊植物和植物的产品捆绑在了一起。

朗姆酒，黑奴贸易的印记

朗姆酒是特别有热带气息的标志性饮料，这个饮料的起源与美洲的发展历程密切相关。与我们熟悉的白酒、啤酒和葡萄酒不同，朗姆酒的原料既不是粮食作物，也不是水果，而是甘蔗，准确地说是糖蜜。

朗姆酒经常与加勒比海盗的形象捆绑在一起，因为他们确实有渊源，捆绑两者的就是甘蔗这种植物。先期来到加勒比海区域的欧洲殖民者尝试了很多不同的作物，包括在欧洲习惯的小麦、大麦、苹果什么的，然而这些作物在新环境下根本就活不成啊。生活总要过啊，怎么办？

当时就发现这里是一个很好的甘蔗种植地，而且甘蔗做成的糖运回欧洲可以卖出很好的价钱。很快这个赚钱的生意就稳定了下来。先开始的殖民者都是亲力亲为，很勤劳。后来随着非洲黑奴的输入，一种新的生产方式出现了，白人殖民者变成了农场主，黑人成了奴隶。

制糖是个很辛苦的事情，收割、压榨、熬煮，到最后结晶都需要忍受恶劣的生产环境。并且不是所有的甘蔗汁都能变成糖，最终剩余的叫糖蜜。糖蜜不能浪费啊，很快就有人将这些"废料"发酵变成了酒精，再经过蒸馏就是朗姆酒了。价钱便宜量又足，而且还有一种奶油香气。朗姆酒对海员非常有用，不仅仅是饮品，还是消毒药品。甚至有特殊用途，英国海军纳尔逊将军的遗体就是泡在朗姆酒里运回英国的。

所以对于往返于欧美的海员来说，朗姆酒是再熟悉不过的酒了。在当时航行在加勒比海上的航船上都少不了朗姆酒，对于在这个区域活动的海盗而言，朗姆酒更是不可或缺的饮料和消毒用品。也正因如此，朗姆酒与加勒比海盗的形象紧密地结合在一起。

时至今日，水果、香料以及酒精饮料依然是重要的商品，不同的是，我们获取这些商品的渠道越来越多，收到货物的速度也越来越快。在全球贸易日益发达的今天，我们已经越来越难界定生活的边界。反倒是在我们习以为常的咖喱或者朗姆酒身上，还留存着那段惊心动魄的故事，那些催生世界的特殊味道至今还在厨房中飘荡。不过仅仅是有货物商品，还不足以让世界贸易链条快速运转，在下一章我们将带你一起去探索那些让世界快速动起来的植物。

第九章

能源植物和橡胶，
让世界快速动起来

西双版纳，中国唯一一块热带雨林。这里特有的植物和生态环境，对于植物学者来说，有着不可抗拒的吸引力。这里不仅有野生亚洲象活动，更有热带雨林的标志性树种——望天树出现。典型的热带雨林生态系统，让西双版纳成为众多中国高校进行生物学专业野外实习的必选地点。

2002 年，当时还在云南大学学习生物学的我，也来到西双版纳进行自己的野外实习。那个时候，从昆明到西双版纳需要两天时间，虽然两地直线距离不超过 600 公里，但当时盘山公路足以消耗我们大量的旅行时间。旅程的第一天晚上必须在一个叫墨江的地方住宿过夜，因为山路过于危险，夜间禁止任何载客车辆上路行驶。

来到西双版纳，你就会发现一路颠簸都是值得的，这里的原始森林遮天蔽日，让我这个来自黄土高原的学生大开眼界。傣家竹楼组成的村落散布在坝子之后，潺潺溪流从满是清脆的山谷间流出，昆虫和鸟类数不胜数，在路上还时不时有横穿公路的象群，在这里，世外桃源和亲近自然不再是一句虚拟的宣传语。

2020 年，从昆明到西双版纳，只需要 4 个小时的车程。

在 2021 年高铁开通之后，昆明到西双版纳的时间更是会缩短到两个小时。

今天的西双版纳，山坡仍然是青翠的，云雾依然缭绕，但是动物的踪迹却少了很多，很多雨林都变成了橡胶林。雨林和雨林中的生活都在以前所未有的速度改变着。

这一切的变化来得非常快，但是决定这种变化的原因，早在几个世纪之前就发生了。植物不仅仅为人类提供了可以果腹的食物，可以保暖的衣物，更是将我们的生活节奏不断变快变快再变快。

植物正推动世界以前所未有的速度快速动起来。

植物可以让地球静止

在我们去探索植物是如何让世界快速运转之前，我们先来回顾一下植物让地球封冻的历史，对，植物对地球的影响并不仅仅是让物种变得更繁盛，植物也有可能按下地球生物圈的暂停键。

在距今 3.7 亿~3.5 亿年前的泥盆纪末期，那时出现了高达 30 米的陆生植物，强大的光合作用能力，急速消耗着大气中的二氧化碳，温室效应被削弱。

这听起来有些不可思议，地球之所以有适于生物生存的温度，还多亏了像二氧化碳这样的温室气体，它们就像把地球装进了一个玻璃房子。这个房子可以储存足够的热量，让我们的星球维持在一个适宜的温度范围内。如果二氧化碳的浓度急剧降低，就像拆掉了温室顶棚上的玻璃板，让屋子外边的暴风雪闯进来。到那个时候，我们的地球就该改名叫"雪球"了。对现有的生物来说，这样变化绝对是一场灭顶之灾。

另外，因为陆生植物的活动，陆地上的岩石变得支离破碎，于是有很多矿物质随着大河冲进了海洋。海洋中的藻类植物得到了梦寐以求的矿物营养，于是它们大量繁殖，同时死亡后沉入海底，相当于把更多的二氧化碳封存了起来。这样就把地球保温层彻底破坏了。结果，习惯了温暖生活的生物集体阵亡。在这次大灭绝事件中，全球有 3/4 的物种都永远离开了这个世界。如果没有这样的转变，也许今天的地球海洋里还满是奇虾和三叶虫，这些奇形怪状的生物，而人类祖先能不能生存下来也都是未知数。

植物 Boss 的力量远不止于此，它们不仅能决定生物生命世界的走向，也能改变人类历史的进程。工业革命发生在英国并不是偶然，这也是植物早在上亿年前就设定好的。

2 亿年前的植物和工业大革命

在课本里，工业革命的技术进步被大写特写，蒸汽机、纺纱机、电灯、电报，但是大家有意无意地忽略了一点，如果没有煤炭这种能源的支撑，一切的发明都是零。如果英国的地面之下没有埋藏这些煤炭，那么人类的历史进程如何，工业革命发生在什么地方，在 1840 年是不是东方的战舰侵入伦敦这都未可知。

而这些煤炭是植物大 Boss 在 2 亿年前就准备好的。

今天使用的煤炭主要形成于石炭纪，石炭纪正是因为产生的煤炭多而得名。那个时候的地球是个巨型昆虫的天下，一只蜻蜓就够做一道大荤菜了。这是因为大气中的氧气实在是太多了，那二氧化碳都去哪儿了呢？都被植物搞到自己的身体里了。按照这个逻辑，地球上的二氧化碳会越来越少，氧气会越来越多，但是这样的情况并没有发生。这都得感谢那些小真菌、大蘑菇，正是它们孜孜不倦地啃木头，把二氧化碳释放到空气中，才维持了地球上碳的循环。

但是在石炭纪早期，出了一件大事儿，植物开始合成木质素，这种化学物质不仅能让植物的身板硬挺，还能防备真菌的侵袭。

蜻蜓

就好像是在三文鱼肉块里加了很多鱼刺，如果不清除干净，真菌根本没办法下嘴啊。奈何那时的真菌，就像今天的欧美朋友一样，根本无法应对带刺的草鱼、鲤鱼、胖头鱼，于是导致亚洲鲤鱼大泛滥。而石炭纪的真菌啃不动木头，就导致了大量的植物遗骸积累了下来。这些积累下来的煤炭为人类文明发展提供了重要的燃料。

随着人类社会的飞速发展，我们需要的能源也越来越多。据中国国家统计局数据显示，"2018 年，中国原煤产量 36.8 亿吨（25.8 亿吨标准煤），同比增长 4.5%。原油产量 1.89 亿吨（2.7 亿吨标准煤），同比下降 1.3%。天然气产量 1602.7 亿立方米（2.13 亿吨标准煤），同比增长 8.3%"。将视野投向全球，2019 年，全世界每天消耗的包括生物燃料在内的各类液体燃料需求总和达到 1 亿桶！但这显然不是人类需求能源的极限，因为我们还没有冲出太阳系，走向全宇宙。

人类对于能源的需求只会越来越大。在一次性能源总量有限的情况下，开发可再生能源就成了人类发展的必由之路。到目前为止，虽然人类在核能和光伏能源技术上都取得了巨大进展，但是，较低的能源转化效率和较高的初期投入，仍然是困扰这些新能源大规模发展的瓶颈。人类仍然需将目光投向有着"强大捕捉"阳光能力的植物身上。

在未来，人类使用的机器的能源"口味"也需要由植物来决定。就如同工业革命时期的蒸汽机需要煤炭，第二次工业革命后的内燃机需要石油。在未来，农田里产出的植物将成为推动世界快速运转的新动力。

吃不饱肚子的高粱米

同其他禾本科作物的籽粒一样，高粱的籽粒也是个淀粉仓库，每 100 克高粱米中淀粉占到 75 克，蛋白质占 11 克，而脂肪只有 3.3 克。但说实话，高粱籽粒的滋味并不讨人喜欢。因为特别成分构成，让高粱没有办法变成像小麦粉那样细腻的烹饪材料，吃高粱面的时候，总觉得有些拉嗓子。不仅如此，高粱的籽粒里面还有单宁和花青素（高粱的红色正来自其中的花青素），听起来好像是一种健康食品，但是这两种物质特有的涩味儿都会让你放弃对高粱面的一切幻想。

高粱不能成为世界粮食，不仅仅是因为口感不佳，高粱在营养上也是有缺陷的。高粱中的蛋白质以醇溶性蛋白为主，而我们人类的消化系统很难对付此类蛋白质，并且高粱中的赖氨酸和色氨酸含量较低，这些都限制了高粱在主食中的应用。

吃高粱面最大的感觉，就是容易饿。我还记得有一次在山西平遥老家，早饭时吃了一海碗的高粱打卤面，结果不到三个小时，肚子就饿得咕咕叫了。这就是我对高粱最深刻的印象。

蒸汽压片技术的出现，大大改善了高粱的食用性能。把高粱米做成麦片一样的东西，会大大改善食用性能。不管怎么样，高粱中的糖是不会浪费的。通过淀粉糖酶的作用，其中的淀粉被分解成麦芽糖，那就变成了我们吃的高粱饴了。如果再进一步就可以变成让人酩酊大醉的高粱酒了。

红米饭变身未来能源

从原理上来说，只要是糖（包括蔗糖、淀粉）丰富的植物都可以成为造酒的原料，包括甘蔗、香蕉、红薯、土豆皆可为酒，小麦、水稻和玉米就更不用说了。那为什么众多名酒都选择了高粱为基底原料呢？一是因为高粱在发酵时不会产生莫名其妙的气味（如果你闻过发酵的土豆就会对此有更深的理解）；二是在高粱制酒的过程中会产生一些以壬醛为代表的醇醛酚的风味物质，这些物质都会增添高粱酒的风味。再加上产量大，又不与主食供给相矛盾，于是，高粱就成了高档白酒的不二之选。

除了籽粒，高粱的茎秆也是可以提供糖分的。这些像甘

甘蔗

蔗一样的东西，含糖量可以高达 18%。通过简单的压榨，就可以获得糖汁，再浓缩之后就能得到甘蔗糖浆了。目前，茎秆含糖量高的甜高粱正成为各国关注的焦点。因为甜高粱耐贫瘠、耐盐碱、耐干旱、产量大，是生物能源开发的重要目标植物。一旦纤维素变乙醇的技术开发成熟，种植甜高粱的农田就会变成生物油田。

也许有一天，我们在加油站加甜高粱乙醇的时候，会给后代说，瞧，这世界变得真快，昨天还是我们的粮食，今天就变成了汽车的粮食了。

当然，仅仅有能源还不足以让世界动起来，将化学能量有效地变成推动车辆运转的能量还需要一种特别植物的辅助，那就是橡胶树。

橡胶树，支撑人类世界运动的树

在 16 世纪时，西班牙探险家第一次踏上南美大地时，橡胶就进入了他们的视野。在印第安人中，小孩儿和青年在玩一种胶球游戏，唱着歌互相抛掷一种小球，这种小球落地后能反弹得很高，如捏在手里则会感到有黏性，并有一股烟熏味儿。印第安人把一些白色浓稠的液体涂在衣服上，雨天穿这种衣服不透雨。他们还把这种白色浓稠的液体涂抹在脚上，雨天水也不会弄湿脚。一番寻根究底之后，终于发现了这些"神奇"物品的来源——雨林中橡胶树的乳汁。

橡胶树为大戟科多年生乔木，是一种典型的热带雨林树种，因其每一小根叶柄上总是着生 3 个叶片，所以又有三叶橡胶树之称。它的原生地仅限于南美洲巴西亚马孙河流域，南纬 0°—5° 的冲积平原和热带雨林中。

在随后的近 400 年时间里，全世界都在重复印第安人的游戏，涂在衣服上防雨，做成弹性小球供儿童娱乐。因为橡胶遇高温变黏、遇低温变硬的"毛病"大大地限制了它的使用范围。

直到 1852 年，美国化学家固特异（Goodyear）在做实验时，无意中发明了橡胶硫化法，偶然相遇的橡胶和硫黄，组成了不再黏黏糊糊的胶皮。发现硫化橡胶技术纯属偶然，在这个发现之前，固特异已经尝试了多种方法，可是没有一种方法能解决橡胶变黏的毛病。就在他灰心失望的时候，随手打翻的橡胶溶液落在了地上，后来在他清理污渍的时候发现，洒在地上的橡胶有了特别的柔韧性，而且也不再黏黏糊糊了，固特异仔细地检查了当天橡胶碰到的东西发现，地板上撒的硫黄粉末是引发橡胶巨变的"点金石"。实际上，橡胶分子就像一条条线，彼此之间没有联结，所以没有足够的弹性。而硫分子的加入，把这些线结成了网，所以就有了全新的性能。从此，橡胶成了一种正式的工业原料。遗憾的是，固特异没有从他的发明中获得任何好处，固特异花了大量的时间精力来推广硫化橡胶技术，可是到头来却没有收到一分钱的专利费用，因为其他人根本不需要他详细解释硫化橡胶的方法，就能开工生产。

不论怎样，固特异的发明将橡胶引入了日常生活。不久之后，英国人邓禄普（Dunlop）发明了充气轮胎，1895年，第一辆装配充气轮胎的汽车驶出了工厂。之后，福特汽车的流水线生产开始了。汽车工业的兴起，更激起了对橡胶的巨大需求，胶价随之猛涨。1900年，橡胶的平均售价是每千克2.3美元，6年后就飙升到每千克5.55美元。

最初的橡胶都是从巴西的雨林中采集的，不过这种采集并不是容易的事情。最初的巴西采胶人，需要一个人在雨林中从黎明干到中午。把采来的胶汁加工成橡胶球，才能走出雨林。采胶人不仅要克服天气的困扰，还要面对凶猛的热带疾病——疟疾的威胁。据说，有很多贫困的采胶人因为买不起治疗疟疾的药而死在了采胶的路上。在巴西，每年野生橡胶生产生胶的极限数量是4万吨。这远远不能满足全世界的需要。1876年，英国人威克姆历尽艰辛，从亚马孙河热带丛林中采集7万粒橡胶种子，送到英国伦敦的邱园培育，仅有2700粒种子发芽，最终只得到了1900株幼苗。这些橡胶苗运往新加坡、斯里兰卡、马来西亚、印度尼西亚等地种植并获得成功。1957年，西双版纳橄榄坝农场的建立，标志着我国大规模种植和生产橡胶的开始，现在年产橡胶65万吨。

三叶橡胶树在种植5~7年就可以采胶了。割胶是一项技术

天然橡胶树的胶乳仍然是重要的
橡胶来源

添加甲酸之后凝固的橡胶

性很强的工作，以半环绕的方式在树干上割出一条 0.8 厘米长的螺旋形切口（保持树皮的上下连接）。如果切割得当，切口处会在几年内生长愈合。因此在割胶时，胶刀割进橡胶树皮的深度必须把握得相当准确，如太深，会伤到树干，如太浅，则胶乳不会流出来，或流出来得很少，经验丰富的割胶工人往往能把握住相当于一根头发丝粗细的深度。

正是种植和收获技术的发展，极大地推动橡胶相关工业的发展，并彻底改变了我们的世界。不妨设想一下，如果没有橡胶，不仅仅是坦克、飞机和飞船上的各种管线无法密封，连汽车都没有轮子，更不用说我们的鞋底了。

橡胶的替代品

橡胶树已经成为重要的战略资源。所以，人们在开发天然橡胶的替代产品。通过化工合成的方法，已经可以生产出类似的材料。但是，人工合成的橡胶在性能上仍然无法完全代替它们的天然亲戚。另一个解决途径是，寻找其他可以分泌胶乳的植物。最先进入人类视野的是可以提供美味果实的人心果。

人心果，果如其名。这种山榄科植物的果实形似心脏，在成熟之后，会变得甜美多汁，已经成为重要的热带水果。在这种植物的原产地，中美洲的丛林中，玛雅人和阿兹特克人都有咀嚼人心果树胶的习惯。当时的人缺吃少喝，很有可能用嚼这种东西来安抚空虚的胃吧。还别说，这还真是最初的口香糖的重要作用，什么清洁牙齿倒在其次了。连吃都没得吃，哪儿来的牙垢呢。这也正是玛雅人和阿兹特克人咀嚼人心果树胶的重要原因。看起来是多么无奈的选择。

当欧洲殖民者来到人心果的老家之后，对这种嚼来嚼去的安慰肚子的产品并不感兴趣。他们感兴趣的是，这种有弹性的物质能不能替代橡胶。随着第二次工业革命的兴起，人类对橡胶的需求量与日俱增，但是天然橡胶的供给又非常有限。寻找替代品就成了植物猎人的一个重要工作。正是基于这个原因，人心果树胶成了潜在的黄金替代品。19世纪60年代中期，墨西哥前总统安东尼奥·洛佩斯·德·桑塔·安纳将军把人心果树胶（Chicle）带到了纽约，交给了托马斯·亚当斯。遗憾的是人心果树胶做轮胎的性能并不如真正的橡胶。但是这种物质在超市的零食货架上获得了新生，混合了蔗糖的人心果树胶被切成小条之后，成为人们喜爱的口香糖，随着两次世界大战中美军的脚步，这种零食很快风靡全球。可谓是，有心栽花花不活，无心插柳柳成荫。当然，能提供树胶的不止人心果，还包括同属山榄科铁线子属（Manilkara）的几种植物，例如蔡克铁线子、斯塔米铁线子和重齿铁线子。这些植物都在提供树胶的名单里。

虽然没过多长时间，人心果树胶就被人工合成的橡胶类物质取代了，比如丁苯橡胶、丁基橡胶、聚异丁烯橡胶等，这些橡胶的性能好，口感更好。另外，口香糖里还要添加改善吹泡泡性能的树脂，改善咀嚼质地的蜡质（比如棕榈蜡、蜂蜡、石蜡），再加上薄荷醇以及各种甜味剂，就是我们熟悉的口香糖了。这种口香糖的原型就是人心果树胶的制品。

相比于人心果，菊科蒲公英属的植物橡胶草，要靠谱得多。在这种小草的乳汁中，含有20%左右的橡胶。更难得的是，这些小草比橡胶树耐寒，所以，可以在北方寒冷地区种植。对于那些没有热带国土的国家有着不小的吸引力。但是，这些小草是一年生的草本植物，产量和橡胶含量都比橡胶树低，所以要进入实用领域，还有一段路要走。如今，我们几乎每天都在跟橡胶打交道，从电线到汽车轮子，从橡皮擦到神舟飞船，从脚下的鞋底到身上的雨衣。离开橡胶，似乎整个世界都会停止运转。橡胶已经成为工业和信息化社会的支柱，这是当年摆弄胶球游戏的儿童无论如何也想象不到的。

橡胶有毒吗

从航天飞机的轮胎，到我们运动鞋的鞋底，我们的世界已经跟橡胶难解难分。但是，橡胶树为什么会流白色乳汁呢？难道就是为了给人类提供工业原料吗？

答案很简单，橡胶树的乳汁是防御动物啃食的武器。虽然，橡胶树的汁液——胶乳没有强烈的毒性，但那也不是清甜解渴的饮料。橡胶的胶乳中有30%~40%是固体成分，几乎所有的固体物质都是聚异戊二烯。这种物质是非常稳定的聚合物，能够忍受酸碱的折磨，自然也就不会害怕动物的消化系统了。结果就是，那些误食了橡胶汁液的小虫子肠道都会被堵起来，然后只能被饿死了。我们的肠道比虫子大多了，如果不是喝下大桶胶乳，是不会有问题的。

虽然橡胶的胶乳没有毒性，但是橡胶树种子却藏有剧毒。一般来说，两三粒橡胶种子的毒素就足以导致一名儿童中毒，引起恶心、抽搐，甚至休克。所以，不要因为好奇而啃橡胶种子。

从化石燃料促成工业革命，到高粱乙醇推动新经济发展，毫无疑问，植物所存储的能量极大地推动了人类社会的发展，并且将整个地球上的人类都紧密联结在了一起。今天，我们行走的步伐越来越快，高粱、橡胶和石炭纪时期的植物才是真正的幕后推手，在它们的推动下，我们有了更多去看世界的机会。然而，我们的祖先想看世界的时候，他们面对的不仅仅是缺乏汽车、飞机和高铁，一些特殊的疾病（疟疾和坏血病）才是横亘在拓展路线上的鸿沟。在下一章，我将带你一起去探索这些特别的疾病和已经帮助我们解决问题的植物帮手。

第十章

金鸡纳和柠檬，
药用植物打开新世界大门

如果你身边有世界地图的话，可以去看一眼。我们就会发现一个非常有意思的现象。古中国、古埃及、古巴比伦，还有古印度这四大文明古国的地理位置有一个共同特征，都分布在北纬 30° 线的左右。这是一个非常有意思的现象。与此同时，为什么在热带区域没有文明古国的出现，这并不是一个简单的问题。

　　毫无疑问，如果仅仅考虑文明起源的物质基础的话，热带区域的物产毫无疑问更为丰富。我们今天熟悉的多种粮食作物和水果，都是热带起源的，比如说我们喜欢吃的甘蔗、玉米、辣椒、土豆、菠萝、杧果、番木瓜都是热带起源的作物。

　　但是为什么在真正的热带区域没有产生强大的古代帝国，其实道理很简单，因为在这些

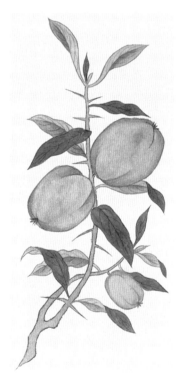

木瓜

区域有人类无法克服的困难，那就是传染病。

到底什么样的传染病阻止了人类的步伐？在热带区域有很多的传染病，其中有一种非常凶猛，那就是曾经让人谈之色变的疟疾。在没有药物对付疟疾之前，这种疾病是一种非常可怕的杀手。

疟疾，阻挡人类步伐的疾病

疟疾是怎么引起的？疟疾其实是由疟原虫引起的，疟原虫实际上是一种动物寄生虫，它可以在人体内进行寄生。进入人体之后，疟原虫会在人体的肝细胞里面寄生，然后再进入人体的红细胞。作为寄生虫，它们与人体并非相安无事，疟原虫会大量地破坏红细胞。

当红细胞被大量破坏时，人体就会出现高热等症状反应。在发病时，疟疾患者的体温会超过 40℃，引发高热惊厥，浑身像筛糠一样颤抖。所以，这种疾病也被俗称为打摆子。如果这种症状没有得到及时的治疗，致死率是非常高的，这就是可怕的疟疾。

疟疾恰恰是在特别温暖、潮湿，蚊虫特别丰富的地方大大地流行，因为蚊子是传播疟疾的一个非常重要的媒介，叮咬过疟疾患者的蚊子会把疟原虫传递给健康的人。

这样来说就可以很容易理解，在人类文明发展早期，热带区域很难发展出大的文明社会了。但是热带区域的丰富资源对人类有着巨大的吸引力，如何有效对抗疟疾，能更好地获取资源，在很大程度上就要依赖于植物。

蚕豆病，靠自虐来求生

我们身边有一些朋友很挑食，有不吃香菜的，有不喝牛奶的，还有不吃蚕豆的。这个时候，千万不要责怪他们，因为吃这些东西很可能是要命的。蚕豆，这种对普通人来说普通得再也不能普通的食物，对蚕豆病患者来说就是毒药。如果不慎吃下了蚕豆，就会发生酱油尿现象，这其实是红细胞破裂，发生溶血的结果。这是因为蚕豆病患者天生缺少一种叫 6- 磷酸葡萄糖脱氢酶的蛋白质，从而引发了这场灾难。

更有意思的是，在蚕豆的原产地地中海区域，这种疾病的发生率会更高。特别是在地中海的克里特岛，很多小朋友甚至会在蚕豆开花的季节里昏昏欲睡，并且持续产生酱油色的尿液。有意思的是，当地人非但没有减少蚕豆的种植，更是把蚕豆当作主要的食物。难道他们都有自虐倾向吗？

其实，蚕豆病是人类对抗疟疾的特有生理过程，是在漫长演化道路上留下的烙印。在蚕豆病高发的克里特岛，历史上疟疾横行。这种由疟原虫引发的疾病，会引发高烧，夺去了大批居民的生命。在人类还没有发现金鸡纳霜和奎宁之前，要想逃脱疟疾的魔掌，就得靠自己的身体。在强大的寄生虫面前，人

218

类的身体并不是只会硬碰硬，也会委曲求全。疟原虫只会感染那些浑圆饱满的正常红细胞，而不会对干瘪的红细胞产生兴趣。于是，有趣的一幕出现了，在疟疾高发区域，也是镰刀型贫血症的高发区域。镰刀型贫血症的患者体内有半数红细胞长成了镰刀模样，虽然这种改变给患者带来了贫血症状，影响了他们进行高强度运动的能力，但是却提高了抵御疟疾的能力。与此同时，蚕豆病患者也是通过牺牲一部分红细胞来杀死其中的疟原虫，进而达到自损一百杀敌一千的战略目标，也算是演化历史上的一个奇迹。

实际上人类跟疟疾的搏斗一直持续了很长的时间，从人类有文明文字记载开始就一直与疟疾进行搏斗，但是一直以来都缺乏有效的对抗手段。

金鸡纳树，对付疟疾的灵药

第一种有效的对抗手段，或者说公认的手段就是奎宁。奎宁是什么地方来的？

在最初获取这类化学物质的时候，是在一个没有疟疾流行的地方发现的。这听起来有点奇怪，却是事实。

这还要说到哥伦布发现了美洲大陆之后，在当地发现了一种特别的植物——金鸡纳树，是对付疟疾的灵丹妙药。但当地人谁也不知道这种植物可以对付疟疾，因为在哥伦布到达美洲之前，当地并没有疟疾，是哥伦布以及后来的欧洲殖民者把疟疾带到了美洲大陆。

因为各种阴错阳差，人们发现金鸡纳树的树皮对疟疾有很好的治疗作用。后来人们发现金鸡纳树的树皮里面含有一种化学物质叫奎宁。而奎宁对于疟原虫有非常好的杀灭和控制作用。一个灵药的出现极大地扩展了人类在热带区域的活动范围，因为人类不再怕疟疾了。

有意思的是，这种灵药的推广，也极大地影响了人类历史走向。为什么这样说？

因为在历史上有记载，中国清朝的康熙皇帝也得过疟疾，当时正是因为传教士给的奎宁救了康熙皇帝的命。如果当时传教士没有奎宁，或者说人类还没有发现奎宁这种东西的话，也许中国清朝的某段历史就要被改写了。

但是金鸡纳树并没有解决所有的问题，很多疟原虫开始有了对抗奎宁的能力。

很多的疟原虫就展现出了对奎宁的抗药性，因为抗药性这个东西是很容易出现的，为什么这样说？举个简单的例子，当我们被细菌感染的时候，会用抗生素对抗细菌。如果一旦没有按照医生嘱咐的时长和剂量服用药物，即便是感觉病症消失，这时并非痊愈，有些细菌在抗生素杀灭过程中幸存下来，它就获得了一些很强大的对抗抗生素的能力。更准确地说，我们把那些能够对抗抗生素的细菌都筛选出来了。当这些耐药细菌再次搞事情的时候，我们只能加大抗生素的剂量来对付它们。这样一步一步筛选下来那就是超级细菌了，这就是大家不能滥用药物的原因所在。

人类用奎宁这个过程中也会把拥有耐药性的疟原虫筛选出来。这个问题在 20 世纪 60 年代的越南战争中成为一个影响战争走向的大问题，那怎么样解决疟原虫的抗药性问题呢？

避蚊胺和青蒿素

不同国家的科学家有不同的想法。比如说美国的科学家研究出来了驱避蚊子的避蚊胺。避蚊胺是一种化学物质，这种化学物质可以影响蚊子的嗅觉，不让蚊子来叮人。这样就能大大降低感染疟疾的风险。而避蚊胺，直到今天也是非常重要的驱避蚊虫的化学物质。

于是研究人员开始寻找新的药物。研究者在最初选择的原料是胡椒，提取出的胡椒酮在动物实验中表现良好，就在疟疾的难题看起来已完美解决的时候，让人失望的结果出现了。胡椒酮在临床实验中并没有预期的效果，或者说对人体内的疟原虫是无效的。

稍后，科学家发现了青蒿素，然而这种物质的表现并不稳定，时而有效时而无用。事情的转机发生在 1971 年下半年。

屠呦呦领导的科研小组（包括钟裕蓉、郎林福等）发现了线索，在东晋葛洪《肘后备急方之治寒热诸疟方》中有这样的记述，"青蒿一握，以水二升渍，绞取汁，尽服之"。

这里有个小插曲，虽然这种药物被命名为青蒿素，但是真正的原料却是黄花蒿。这种异物同名的现象在古代东西方都是很常见的，直到卡尔·林奈建立起了生物的命名规则——双名法，在很大程度上规避了这个命名和分类的大麻烦。同时，林奈建立起了以花朵为分类特征的分类体系，让人类对于植物世界的认识向前推进了一大步。而中国古代的植物认知体系中并无此类的理论。

话说回来，得到了真正的青蒿之后，为什么不是用常规煎煮的方式来获得药物，而是用浸泡榨取的方式来获得药液，最大的一个可能就是高温有可能破坏青蒿中的有效成分。于是，研究人员把提取溶剂从常用的乙醇换成了沸点更低的乙醚。很快实验取得了突破性进展，1971 年 10 月 4 日研究组取得青蒿中性提取物，实现了对鼠疟、猴疟疟原虫 100% 的抑制率。而这项发现也让屠呦呦先生成为中国首位获得诺贝尔生理学或医学奖的科学家。

毫无疑问，科学花朵的绽放是建立在理性思维营养的积累之上。而中国的研究显然已经踏上了这条前进的道路。

当然了，人类在探索未知世界的路上，遇到的挑战远不止疟疾这一种疾病，而战胜疾病仍然需要植物来帮忙。

黄花蒿

坏血病，欧洲人航海的软肋

1493 年，克里斯托弗·哥伦布率领船队到达美洲，这是欧洲人历史上首次长时间不靠岸越洋航行。在接下来的日子里，欧洲探险家的航船驶向世界各地，在大洋上航行的时间越来越久。通常经过两个月的航行之后，很多船员身上出现了诸多奇怪的症状，软弱无力、关节疼痛，皮肤出现黑色或蓝色斑，瘀血很久才会被吸收，同时牙齿经常出血甚至发生脱落。因为这种疾病主要发生在水手身上，所以这种病被称为"坏血病"或者"水手病"。

实际上，坏血病首次被希波克拉底（公元前 460~公元前 380 年）描述。这种疾病通常发生在长期食用盐渍食品和熏肉，缺乏新鲜蔬菜水果的人群中，而进行远洋航行的水手，显然是这样的人群。因为在冷藏设备被大规模使用之前，长期海上航行中，只有腌肉和面包容易保存，吃到新鲜的蔬菜水果简直就是奢望。

有趣的是，当欧洲的航海家被坏血病困扰的时候，中国的远洋船队似乎并没有这种疾病出现。1419 年，明朝的永乐皇帝就指派了郑和指挥规模空前的船队远渡重洋，在七下西洋的郑和所指挥的船队中，为什么没有坏血病患者出现呢？

关于这个问题，不同学者有不同看法，综合起来有两个原因：一是不靠岸航行时间短，补给容易，人体也耐得住；二是中国人会种菜，乐于在船上装蔬菜。中国船员是碰上了好运气，因为中国人的天赋技能是种菜，特别是种豆芽。

今天，我们都知道坏血病的原因是人体缺乏维生素 C。欧洲的传统食谱里面其实很少有蔬菜，他们获取维生素 C 的主要方式就是依靠水果和一部分肉类食物。肉食里面其实是含有维生素 C 的，主要是指牛羊肉这样的哺乳动物的肉。这些肉类中的维生素 C 含量并不低，世界上不能合成维生素 C 的哺乳动物没几种，人就是悲催的动物之一。主要还是因为人类祖先的食物中本身有很多植物性食物，所以不需要自己合成也过得很好。

所以吃三成熟这样牛排的时候，实际上是可以补充维生素 C 的。当然，在航海的船上，要保存新鲜肉类显然是不现实的，能多装点咸肉就不错了，主要还是面包。当然，面包里面并没有维生素 C。

好了，那肉类不可以了，是不是可以带植物性食物？其实只要是片菜叶子，里面的维生素 C 含量就挺丰富的，比如 100 克大白菜的维生素 C 含量可以达到 43 毫克。每天吃上一两片，就不怕缺乏维生素 C 了。1536 年，发现圣劳伦斯河的法国探险家雅克·卡蒂亚，向印第安人询问后，饮用了柏树叶所煮成的茶，成功地救治了自己的部下。

但是有个问题，菜叶子装到船上不行啊，别说两三个月，在热带区域两三天就完了。至于说果子，也保存不了多长时间。其实欧洲人最初是带过柠檬汁的，只是为了方便长期存放要先煮开了。同时，还是用铜壶来煮，铜壶中的铜离子把橘子汁中的维生素 C 都破坏了。直到后来发现了既可以提供维生素 C，又可以长时间存放的青柠檬（注意，它是来檬，不是柠檬）。这才搞定了坏血病。

中国人就不一样了，中国人会种菜啊。到世界的每一个角落，只要有一片空地，中国人都能把它们变成菜园子。实际上，中国的远洋航行并不多，郑和船队中的宝船，完全可以在船上种植一些速生蔬菜。中国的商船上有用木桶种植的蔬菜，这个确实有记载。

当然了，更重要的是即便没有土壤，也能得到像绿豆芽这样的食物。绿豆对大多数中国人来说都是熟悉的食物，这种豆子携带方便，并且可以变身成绿豆芽。绿豆芽中就有丰富的维生素 C，每 100 克绿豆芽中就有 10 毫克左右的维生素 C，这个是可以满足海员的需求的。

之前有文章曾经说，种豆芽获取维生素 C 这种行为不可行，因为成人每天要 100 毫克的维生素 C，而豆芽提供的太低了。要想获得足够营养必须吃下几斤豆芽菜，这显然是乱玩数字游戏的行为。这个说法有两个问题：一是推荐食用量不是最低食用量，二是即便脱离了维生素 C，也不是马上就得坏血病。

离开维生素 C，不会马上得坏血病

先说推荐食用量，一定是完全保证不出问题的食用量，那是不是少吃一点就会出问题呢，显然不一定，中国营养学会建议的膳食参考摄入量（RNI），成年人为 100 毫克 / 日。这 RNI 是啥概念呢，"可以满足某一特定性别、年龄及生理状况群体中绝大多数（97%~98%）个体的需要。长期摄入 RNI 水平，可以维持组织中有适当的储备"。如果低于这个量，其实还是有很多人可以接受的，并不会出现缺乏症状。

再说，不同国家给的标准真的不一样，比如世界卫生组织给出的标准就是 45 毫克 / 日，或者 300 毫克 / 周，这个比中国的标准低多了。对，维生素 C 的数量按周来算也是可以的。

因为人体中有很多部位其实都蓄积了大量的维生素 C 来执行一些生理功能，比如肾上腺的维生素 C 含量可以达到血浆含量的 100 倍，包括脑、脾、肺、睾丸、淋巴结、肝、甲状腺、小肠黏膜、白细胞、胰脏、肾脏、唾液腺等器官组织内的维生素 C 的含量也高于血浆中维生素 C 的 10~50 倍。这些储备是有可能被机体用来应急的。

关于人类能忍受多长时间不摄入维生素 C，其实也有过实验，在第二次世界大战期间英国做过这样的实验，发现在吃无维生素 C 饮食 6~8 周后会出现坏血病症状。20 世纪 60 年代的美国，艾奥瓦州监狱的志愿者，能够忍受至少4周完全无维C的饮食。

同时研究人员还发现，只要有少量的维生素C供给，就可以满足人体的需求，在上述的两项实验中发现，每天吃10毫克的被试，与每天吃70毫克的被试在临床指征上没有明显的区别，只不过血液中的维生素C浓度稍低而已。也就是说在万不得已的情况下，每天补充10毫克的维生素C也是可以接受的。这样看来，只要每人每天吃二两绿豆芽就基本满足需要了。

这个实验的结论就是，人类是可以忍受一段时间不摄入维生素C的。更不用说郑和的线路并没有脱离陆地太远。这个时间，加上一些芽苗菜的供给，显然足以让郑和的船队再靠岸补给新鲜的食物了。

所以说呢，种菜这个天赋技能还是帮了中国人的大忙。只是，从中国出发横跨太平洋太远了，所以没有产生中国的地理大发现。最后提醒大家一下，虽然有最低限度，但是不建议大家去挑战，还是按照中国的营养建议来吃够水果蔬菜哦。

植物也爱维生素 C

回过头来说，我们为什么把维生素C看得这么重要？那是因为它对我们人体的活动非常重要。胶原蛋白是我们身体的重要组成物质，像血管、皮肤都是由这些蛋白质组成的。不过组成这些蛋白质的氨基酸不会像植物纤维那样自己抱团儿，它们更像是一块块水泥板，需要靠铆钉连接起来。维生素 C 就是这样的铆钉。之所以会患坏血病，就是因为维生素 C 这样的"铆钉"太少了，引发胶原蛋白崩塌，并破坏了血管的结构。除此之外，维生素 C 还承担着一些抗氧化的功能。

但是，遗憾的是，同大多数动物不同，我们人类没有合成维生素 C 的能力（同样悲剧的还有高级灵长类、天竺鼠、白喉红臀鹎与食果性蝙蝠）。所以必须依赖食物中的维生素 C，特别是植物中的维生素 C。为什么植物会富含维生素 C 呢？

传统的观点认为，维生素 C 可以帮助植物对抗干旱、强烈的紫外线等严酷的环境。基本上被认为是个植物体内的"救火队员"。不过 2007 年英国埃克塞特大学的一项研究表明，维生素 C 对植物的发育具有重要的作用，这种物质会消灭光合作用的有害产物。那些维生素 C 合成出问题的植物，竟然不能正常发育了！至于维生素 C 在

蝙蝠

植物中的作用，还在逐步被解密。

时至今日，维生素 C 和柠檬的形象已经深入人心，甚至在很多地方简化成了"酸味植物代表维生素 C"，甚至简化成了"酸味的植物富含维生素"，但事实真的是这样吗？酸味的植物真的更有营养吗？

弱弱的碳酸，也能帮助植物吃东西

所谓的酸味其实是一种基本的味觉。这种感觉其实是由可以溶解在水中，并且释放出氢离子的有机酸或者无机酸引起的。比如，我们熟悉的饺子醋中的醋酸、马桶清洁剂中的盐酸都是酸。简单来说，我们舌头能感觉出酸味的物质都是酸。

不管是动物还是植物，都是靠自己的身体来直接吸收外界的物质。所有的水、矿物质（比如像食盐中钠离子和氯离子）、个头比较小的有机物（比如氨基酸），都是直接穿过细胞膜进入生命体的。只是后来动物和植物走上了不同的道路。动物有了尖牙利齿，而植物呢，还是选择了静静地吸收。

植物的"嘴巴"就在它们的根系之上，那些比发丝还要细的根毛就是吸收外界的钾离子和铵根离子等营养物的"嘴巴"。但是，这些营养又是如何自己跑到完全不会运动的根毛上来呢？

当植物的根系呼吸的时候（对，没错，植物的根也是需要吸进氧气呼出二氧化碳的），有些呼出的二氧化碳会依附在根系周围形成碳酸。碳酸是什么呢？它们是二氧化碳和水结合在一起形成的一种很弱很弱的酸，苏打水的微微味道就来自碳酸。

虽然碳酸的酸性很弱，但是它们仍然有酸的属性，其中之一就是会溶解在水中，释放出氢离子和碳酸氢根离子。碳酸释放出氢离子并不安分，它们经常会跑到土壤溶液中去。这个时候，身上同样带正电的钾离子和铵根离子就会跑到根系上来，抢占那些氢离子空出来的位子。至于说带负电碳酸氢根离子会与硝酸根离子交换座位，植物根系会把硝酸根离子吸收到细胞内部。接着，根系就会把贴上来的钾离子、铵根离子和硝酸根离子，通通吸收进植物体内了。

收集能量，来点景天酸

比起矿物质营养，二氧化碳才是植物光合作用的重要原料。只有在二氧化碳充足的情况下，植物才能把吸收的太阳光能量储存在葡萄糖里面。可能会有朋友说，空气中不是有很多二氧化碳吗，根本就不用发愁。

事情并非如此简单，植物要通过气孔吸收二氧化碳，当气孔处于打开状态的时候，必定会有很多水分从植物的身体里跑出去。对于生活在潮湿地区的植物，这并不是问题，但是对于像昙花这样原本生活在干旱区域的植物就是个棘手的难题了。

为了应对这种特殊的保水问题，包括昙花在内的仙人掌科植物发展出了一种特殊的机制，那就是避开烈日，在凉爽的夜间尽可能地收集储备二氧化碳，以供光合作用所需。在吸收二氧化碳的过程中，会用到一种特别的物质——磷酸烯醇式丙酮酸（PEP），这类植物也被称为景天酸植物。

晚上，昙花吸收的二氧化碳会与PEP结合生成草酰乙酸，然后再变成苹果酸储备起来。等到白天，需要使用二氧化碳的时候，苹果酸又会发生分解，释放出二氧化碳。注意，这个时候的气孔是关闭的，也就意味着昙花可以在一个封闭的小环境中安安稳稳地进行光合作用，再也不用担心水分流失的事情了。整个储备过程就好像昙花做了一次深呼吸。当然，这种做法也是有代价的——储存和释放二氧化碳会消耗很多额外的能量。但是，同宝贵的水分相比，这点能量又算得了什么呢?

柠檬酸和酒石酸，有酸味的果子才好吃

我们经常说一句话，叫酸甜可口。在植物的果实中，主要有柠檬酸、酒石酸和苹果酸这三种有机酸。其中以柠檬酸和酒石酸为主。

　　在这里需要澄清的是，柠檬酸和酒石酸并不像醋酸那样有强烈的醋味，尽管它们确实都很酸。柠檬酸和酒石酸是酸味果实中代表性的有机酸，比如柠檬等柑橘中的柠檬酸，酸豆（酸角）中的酒石酸，这两种主力的有机酸都是没有气味的。至于说，柠

酸枣

檬的味道来自其中的柠檬醛等挥发性物质，那才是柠檬味的本源。

　　不过它们的酸味多少有些区别，柠檬酸更像长矛，进攻犀利轻快；而酒石酸更像是大刀，敦厚持久。所以，南酸枣的味道就更偏清冽。

　　与柠檬相比，酸豆的酸味显得更为温和，并且这种酸味没有一点刺激性的气味。那是其中的酒石酸的功劳，这是一种比醋酸分子个头更大的有机酸分子。虽然名头不如醋酸，但是酒石酸出场的机会并不少。我们熟悉的"狐狸吃不到的那串酸葡萄"就是因为酒石酸太多了。在葡萄酒酒瓶和酒塞上，偶尔会看到一些钻石模样的晶体，那就是结晶状态的酒石酸了。这种酸性物质除了酸味，几乎就没有其他异味了。这也是酸豆在不

同菜肴中大显身手的一个原因吧。顺便说一下，酒石酸的除锈能力也不错，在寺庙，特别是亚洲国家的寺庙中，酸豆的果实被用于去除铜像上的污垢和绿色的铜锈。

草酸，保护自己一定要酸

植物的酸味不仅能勾起动物的食欲，更能成为防御动物的利器。比如说，草酸就是植物生存特别需要的化学物质。

首先，草酸可以与苹果酸等有机酸一起，将植物体内的 pH 值维持在相对稳定的范围内。作为一种有机酸，在氢离子浓度高的时候，草酸的酸根可以结合多出来氢离子；而当氢离子浓度降低的时候，草酸又可以释放出一些氢离子，这样一来，植物体内的 pH 值就稳定下来了，这对于植物正常的生理活动是非常必要的。

在植物体内，草酸和钙是一对好搭档。在研究中发现，大豆叶片中的钙浓度升高时，可观察叶脉中开始积累大量的草酸钙，这可能是为了防止大量的钙进入绿色细胞，影响正常的光合作用。另外，在植物缺钙的情况下，草酸钙还会分解释放出钙离子，满足植物生长所需。另外，草酸钙针晶本身就是植物保护自己的武器，误食了海芋会引发消化道水肿，就是因为其中含有大量的草酸钙针晶。

草酸的功能还不止于此，它们还能帮助植物免受有毒离子

的侵害。比如，当荞麦的根系
受到铝离子伤害的时候，就会
释放出大量的草酸。这些草
酸会把铝离子"捆绑"（螯合）
起来，以减轻对植物的伤害。
烟草甚至还能够利用草酸排
除体内的镉离子，草酸与镉
和钙形成的晶体会进入叶片上
毛状体的顶端细胞，并随之脱
落，烟草也就因此解了毒。

今天来看，植物体内的酸
与它们自身的代谢有着更紧密
的关系，至于人类健康倒不是　荞麦
植物需要考虑的事情。不过，木已成舟，长时间的宣传推广早
已让柠檬作为维生素 C 的代言人深入人心。只是我们在吃这些酸
味水果的时候，吃到的并不一定是柠檬，很可能是柠檬的亲戚。

那些让人酸掉牙的植物

18 世纪英国海军医生詹姆斯·林德为海员治疗坏血病的
时候，首先尝试了柠檬汁（同时还有苹果醋、稀硫酸和海水），
后来证明柠檬汁有效，于是这个柠檬汁几乎就成了维生素 C

的代表。值得纪念的是，这是科学史上第一次控制性的对照实验，奠定了后来的科学实验的规则。

话说回来，当年，很多在西印度群岛服役的英国海军的官兵吃的并不是柠檬，而是来檬，虽然名字只有一字之差，但是来檬的祖辈可是香橼、柚子、宽皮橘和箭叶橙，跟柠檬只能算远房亲戚罢了。

1. 柠檬（lemon）

酸橙和香橼的"私生子"，以香气和柠檬黄著称。通常是橄榄球形状的，两头有突出的小屁股尖尖。香气浓郁，酸度适中，比白醋要温和一些。

柠檬的枝条上是有少许的刺的，叶子有明显的小翅膀。

2. 来檬（Lime）

香橼和小花橙子的"孩子"，俗称青柠，这个果子的味道极具穿透力，比柠檬酸多了。如果说柠檬是刀，那来檬就是矛，会扎舌头。

来檬的枝条上是不带刺的，叶子的小翅膀明显。

3. 黎檬（Rangpur）

橘子和香橼的结合体，比起柠檬，更像橘子。特别是切开之后，就能感觉到皮薄肉多。但是形态上略像柠檬。

黎檬的枝条上也没有刺，叶片上没有翅膀。

4. 粗柠檬（Ponderosa lemon）

长相比较粗，是橘子和香橼的"私生子"。长相没有柠檬秀气，皮厚而粗。酸味的情况介于柠檬和来檬之间。

枝条上没有刺，叶子上也没有明显小翅膀。

5. 小花橙（Citrus micrantha）

巨丑的橙子，就好像被马蜂叮了满身包一样，所以有时候也叫马蜂柑。皮超级硬也超级厚，气味儿特别浓烈，有些花椒的风格。酸味更是强过青柠。这东西根本就不是水果，更像是蔬菜。

枝条上没有刺，叶子有一个巨大的翅膀，所以也叫小花大翼橙。

不管是金鸡纳，还是来檬都以特殊的方式支撑了人类的探险事业。如果没有这些植物提供的奎宁和维生素C，对热带区域的开发不会那么顺畅。反过来看，这些植物也促使人类开始探索自身的生理活动，推进了营养学研究的发展，并且促使对照实验的产生。在接下来的日子里，随着现代科学的发展，有越来越多的植物成为科学家手中得力的工具，为人类认识生命世界做出了突出贡献，在下一章，我将带大家去探索那些活跃在实验室中的植物。

第十一章

孟德尔的豌豆和试管里的
拟南芥，人类对生命的探索

2011 年，伴随着平板电脑的普及，一款名为"植物大战僵尸"的游戏风靡全球。在游戏中，玩家通过操控各种植物，获取和收集阳光能量，并种植各种防御和战斗植物来抵挡僵尸的进攻，这里面最常用的就是不同形态的豌豆射手。虽然，在进阶关卡中，面对巨人僵尸之类的对手，豌豆射手会显得力不从心，但是毫无疑问，它们是陪伴玩家时间最长，给玩家留下印象最深刻的角色。

不过，要说我对豌豆最深刻的印象，还是高中生物课上

豌豆

的豌豆。说起高中生物课，大家印象最深刻的是什么？有人说洋葱表皮细胞，有人说给种在木桶里面的柳树称重（证明植物积累的干物质大多来自光合作用），有人说那些总是会被跳过的涉及动物繁殖的部分。但是，我要说一个

曾经折磨过所有人的项目，那就是孟德尔的豌豆。一道道折磨人的遗传学题目仍然历历在目——欧洲王室的血友病发生情况，子女的单眼皮和双眼皮比率，还有那些果蝇的红眼和白眼。相信读到这里的朋友，都被这样的题目折磨过了。而所有这些都起源于孟德尔的豌豆。

谁也没想到这种默默无闻的植物奠定了现代遗传学的基础。豌豆为什么会成为一个完美的遗传学材料？这并非偶然，特殊的基因分布促使了现代遗传学的出现。

只为自己服务的花朵

虽然在中国栽培豌豆的时间可以追溯到春秋时期，但是这些小豆子的老家在亚洲西部和地中海区域。人类栽培豌豆的时间甚至长达 7000 年，在欧洲和近东的新石器时代的遗址中就有豌豆出土。

因为豌豆籽粒富含碳水化合物，所以一直以来都是人类的重要食物。再加上一年两次的播种，让豌豆成为优秀的农作物。在长期的培育过程中，人类还培育出了很多不同类型的豌豆，比如说荷兰豆。

豌豆是豆科蝶形花亚科的植物，这个家族的花朵都像一个小蝴蝶。这些花朵的共同特征就是分成 5 瓣，它们都有自己的名字。花朵上方最大的像面大旗子招展的花瓣叫旗瓣，主要承担招蜂引蝶的角色；在旗瓣下方，两片像小翅膀展开的花瓣叫翼瓣；在翼瓣的下方就是两片吃苦耐劳的龙骨瓣了，它们一般是蜜蜂在花朵上降落的"踏脚石"，为了花朵的生殖，再苦再累也忍了。

在暖暖的阳光中，花朵绽放，摆出亮丽的花瓣，放出迷人的香味，蜂蝶就会纷至沓来。不过，豌豆似乎完全无动于衷，根本不搭理这些需要"付费"使用的花粉搬运工。因为它们根本就不需要这些昆虫帮忙，自己就可以结出种子了。

对，没错！豌豆花在开放之前，就已经用自己的花粉为自己的胚珠进行了受精。所以，蜜蜂来访花，也只是白忙活了。

豌豆花这种自花授粉的习性，让我们很容易就找到豌豆粒的爸爸妈妈，它可不像那些开放盛开的梨花、苹果花，很难知道那些让种子生长的花粉是蜜蜂从哪朵花上搬来的。

破解遗传秘密的种子

也许你会觉得豌豆花有些无聊，但是150多年前，有个神父对这种花朵产生了兴趣。也许神父实在是太无聊了，于是他吃豌豆都是一粒一粒地吃，忽然发现，这些豌豆粒长相不太一样，有的是绿色的，有的是黄色的；有的表皮是光滑的，有的表皮是粗糙的。为什么会产生这种差异呢？我们可爱的神父决定弄个明白。

还好，豌豆没有被全煮成豌豆饭。于是，神父开始了一项伟大的实验。他把这些豌豆都播种在修道院的小花园里面。然后在豌豆开花之前，去除花朵中带花粉的雄蕊，然后按照自己设计的组合给花朵人工授粉。

一个奇异的事情发生了，不管是用了黄色豌豆的花粉，还是用了黄色豌豆的雌蕊，最终结出的只有黄色豌豆。而光滑豌豆和皱皮豌豆杂交的结果，就是全部种子都是光滑的了。神父惊异地发现，中国的那句古话"龙生龙，凤生凤，老鼠的儿子会打洞"是至理名言（如果他听过这句中文的话）。人类第一次开始认真审视遗传的强大力量。对了，这个神父的名字就叫孟德尔。

不过，孟德尔没有就此止步。他把那些杂交产生的黄豌豆和光滑豌豆再次种了下去，结果发现，收获的种子里面又有了绿色豌豆，并且跟黄色豌豆的比例是 1∶3，而皱皮豌豆和圆粒豌豆的比例同样是 1∶3。也就是说，绿色和皱皮特征并没随着杂交而消失，只是被黄色和圆粒这些特征压制住了，而这些特征的核心恰恰就是我们熟知的基因。这就是遗传学中的显隐性定律。我们人类的单双眼皮，大小耳垂，ABO 血型莫不如此。

遗憾的是，当时的人们对神父的发现置若罔闻。直到半个多世纪之后，科学界才重新审视孟德尔的论文，给予他足够的尊敬和荣誉。而这时，孟德尔已经作古，只有他的豌豆还在修道院的花园里静静绽放。

孟德尔用豌豆开创了现代遗传学。在孟德尔之后，经过100多年的研究，我们知道了染色体，知道了基因，知道了DNA。而这一切，都开始于修道院的那盘豌豆。正是因为孟德尔的努力，在后来的人类历史中，才会有更多植物推动了人类对于遗传学的认识。

胡萝卜推动了细胞生物学的发展

在大学的时候，有一门功课是让人既兴奋又头疼，那就是植物生理学实验。兴奋的是可以见识各种奇特的植物学现象，比如叶绿素的分离，植物染色体的固定，以及把小块切碎的胡萝卜培养成可以开花的状态。但头疼的是，很多操作都需要极大耐心和多次重复才能获得比较好的效果。我还记得做胡萝卜组织培养实验的时候，老师反复强调，胡萝卜一定要洗干净，容器和培养基灭菌一定要充分，并且要少说话（因为飞溅的唾沫星子都可能造成污染）。果不其然，在第一次试验中，大多数人都成功地"培养"出了大量细菌，至于胡萝卜块都成了细菌的食物了。

不过确实有同学的胡萝卜长出来一团泡沫模样的东西，再经过一段时间的培养，居然长出了胡萝卜的幼苗。

实际上，一个芽尖，甚至是一个花粉细胞都能被还原成一棵绿色植物。这是因为植物细胞具有全能性。所谓全能性，简单来说，就是每一个植物细胞都有发育成一个完整植物个体的能力。实际上，生物的每个细胞都包含了完整的生命设计蓝图。只是，在通常条件下，细胞只会选取部分设计信息进行"施工"。

为了让细胞开始实施设计图，复原整个植物体，就必须提供适合的水分、温度和营养成分，就是听起来很神秘的"组织培养"技术了。这样看来。插柳树枝，就是个最简单的组织培养技术。今天，我们能以相对低廉

胡萝卜

的价格买到蝴蝶兰、百合、满天星这样的花卉，这在很大程度上要归功于组织培养技术。它们都是用茎尖或者其他组织培养而来，用不着开花结果，用不着播种，一棵满天星就可以变成真正的"花朵星系"。

对于无法得到种子的植物，利用组织培养技术无疑是个好选择。2012年，俄罗斯的科学家探索西伯利亚的冻土层，他们从地表以下三四十米的地方弄出来几棵3万年前的植物——蝇子草。虽然这些蝇子草的种子已经失去了活力，但是果实中的"胎座"仍然有生命迹象。所谓"胎座"，就是像动物胎盘

一样的结构。它们为种子发育的附属和支撑的结构，像我们平常吃的西瓜瓤，还有吃冬瓜时撕下的那些白色瓤都是胎座。

胎座顽强的生命力与其独特的结构是分不开的。首先，作为供养种子的特殊结构，这里储备了大量的营养物质（特别是糖类物质），这为细胞的存活提供了重要的基础。其次，作为母体与种子物质交流的桥梁，胎座里的酚类化合物含量要比其他部位高得多，这种物质可以提高细胞对于干旱和温度的抗性，无形中延长了此类细胞的寿命。另外，胎座通常会被果实良好地包裹，也就避免了外界的侵染。

功夫不负有心人，蝇子草的胎座长成小苗，小苗长成了植株，植株开了花，最终结出了种子。更让人欣喜的是，这些种子是 100% 正常的，它们可以像 3 万年前的同类那样发芽，开花，结出果实。

毫无疑问，想做好上面这个实验，必须要熟练掌握植物组织培养技术。

到今天，胡萝卜组织培养实验已经成为生物学中标准的训练实验。这不仅仅是因为胡萝卜便宜易得，更重要的是胡萝卜的细胞具有很好的诱导性能，可以分化成叶子、茎秆等各种各样的器官。于是众多胡萝卜成为生物实验室里面的材料，为培养生物学工作者做出了突出贡献。

烟草推动了人类对病毒的认识

人类认识病毒也不是从人类身上开始的，而是从植物开始的。

19世纪，烟草种植者注意到，栽培的烟草会患上一种疾病——患病的烟草的叶片先是变得黄绿相间，厚薄不均，接着畸形的叶片越来越多，个头总也长不高，并且开花结果都要比正常的烟草差得多。因为患病烟草叶子上会出现黄黄绿绿的花斑，于是，人们给这种病害取了个名字，叫烟草花叶病。

学者首先想到的是细菌这样的致病微生物。从17世纪中叶开始，在英国科学家罗伯特·胡克和荷兰工匠列文虎克的努力之下，光学显微镜发展了起来，一个神奇的微观世界呈现在了人类眼前。在随后的200年时间里，细菌与疾病的关系被梳理了出来。但是利用光学显微镜在患病的烟草上看不到任何细菌和真菌。

科学家并没有放弃，1886年，德国人麦尔把患病烟草叶片榨成汁，注射到健康烟草体内。不出意料，健康烟草也患上了花叶病。这个实验说明花叶病确实是因为感染导致的。之后，科学家发现，将患病烟草的汁液用细菌无法通过的滤网来过滤，结果这样的汁液依然可以让健康烟草患病。

1884年，法国微生物学家查理斯·尚柏朗发明了一种特殊的过滤器。与我们平常见到的筛子和滤纸都不一样，这种过滤器的基本材料是陶瓷。也就是说，只有比陶瓷中的空洞还要小的物质才能通过过滤器，细菌显然无法通过。1892 年，俄国生物学家德米特里·伊凡诺夫斯基在研究烟草花叶病时，发现将感染了花叶病的烟草叶的提取液用烛形滤器过滤后，依然能够感染其他烟草。这说明，一定有毒性的物质通过了过滤器。但是伊凡诺夫斯基并没有深究，他认为一定是细菌产生的毒素让烟草患病了，所以发现病毒的丰功伟绩就与他擦肩而过了。

1899 年，荷兰微生物学家马丁乌斯·贝杰林克重复了伊凡诺夫斯基的实验，并且发现只有能够分裂的活细胞才会被过滤液体感染，说明导致烟草患病的绝对不是毒素，而是一种可以复制生长的东西，他把这种东西叫作"virus"（病毒）。

然而，人类第一次看到病毒的形象已经是半个世纪之后的事情了。原因还是病毒太小了，直到 20 世纪 30 年代，电子显微镜发明之后的 1931 年，人类才第一次看到病毒的真正模样。

人们最终认识到病毒是一种比细菌还小的致病体，这些致病微粒要依靠活的细胞进行繁殖。有趣的事情也正在于此，病毒并不能自己进行复制，必须依赖于其他生物的细胞，于是病毒究竟算不算生物，又成了一场旷日持久的讨论。

实验室植物为我们理解生命做出了突出贡献。

拟南芥，神奇的模式生物

2019 年 1 月 3 日，中国嫦娥四号探测器成功登月。这个探测器带了个小菜园去了月球背面，让绿叶子第一次出现在了月亮之上，让人高兴不已。但是看看带上去的生物稍稍有点奇怪，土豆、油菜和酵母，这是真要在月球上面做饭吗？

在大多数宣传报道中，都是从生态系统的角度来解释这种安排，植物生产营养，果蝇吃植物，酵母分解动植物残骸完成循环，完美。等等，好像哪里不太对，果蝇并不吃植物的绿叶啊，而且土豆、棉花、油菜和拟南芥，并不会结出果蝇喜欢的果子。酵母也不能对付枯枝落叶，那是多数霉菌要干的事情。好吧，所谓的生态系统只是个美好愿望罢了。

又有人说了，这些生物就是为了吃而准备的。不信你看，土豆可以当主食，油菜提供油料，油炸薯条配青菜拟南芥，堪称完美。但是，这拟南芥和果蝇怎么吃呢？其实大家都错了，这些搭载的生物都大有来头，它们叫模式生物。

什么是模式生物呢？顾名思义，就是用来当模型使用的生物，有新方法新技术的时候，都需要先在这些生物体上做实验。这类生物通常有几个特点——生长繁殖周期要短，遗传信息要清晰，操作比较容易，生命力要顽强。

先说繁殖周期短吧，这事儿很重要，拟南芥从发芽到产生种子只需要 6~8 周，在很短的时间里就可以繁殖很多代，来验证想法。但是如果换作大象的话，你就会发现都养了 10 年了，它们还不能生育小象，这实验还怎么做啊。所以我特别敬重那些研究大象的学者，因为不是每个人都那么幸运能看完大象的一生，也许大象还在，科学家先没了。

遗传信息要足够简单，这点怎么说呢？我们可以把生物的基因组比作一个乐高手册，每一种生物的手册都是不一样的，所以"搭建"出来的生物也就千差万别。有些生物的手册很薄，有的很厚，有的描述很清晰，有的语言晦涩难懂，所以科学家就会挑选那些操作手册编写清晰，页码又少的生物先研究，然后积累经验之后，再去阅读更复杂的生物。而果蝇和拟南芥，恰恰是生物世界中基因组最小、最简单的物种——拟南芥基因组大约为 1.25 亿个碱基对和 5 对染色体，在植物中算是小的。看起来是不是仍然是一个巨大的数字，水稻基因组有 4.3 亿个碱基对，这还是禾谷类作物中最小的，更不用提那些让人头疼的裸子植物和蕨类植物了。

模式生物还有一个优点就是基因容易编辑，啥意思呢？还是用乐高的操作手册来打个比方，就好像说可以加进自己的一些小创造，给机器人加个轮子，给飞机加个炮塔，搭建出的成品就不一样了。不是所有的手册都容易改写，或者说以人类目前的技术水平，还很难想怎么改就怎么改。而模式生物的遗传信息小手册——DNA 相对来说就容易被改造。

于是，像拟南芥和果蝇这样的模式生物就成为今天科学研究中重要的工具，对于我们理解各种生命现象，完善基因调控技术，研究生物在不同环境下的应对策略都有着不可替代的功能和价值。

相信在将来，拟南芥这种不起眼的小草还会帮助我们在生命密码的迷宫中找到正确的通路。

在这一章，我们一起去探索了那些出现在实验室的植物，正是这些植物帮助人类重新认识了生命世界，并且将生物技术推升到了新的高度，为人类提供了更多的饮食、医疗、能源等发展所需的动力。而植物对人类的影响也不仅仅局限于此，在贸易体系、美学标准以及人类的未来中都渗透着植物的基因。在下一章我们将去探索植物对人类世界日常生活的塑造过程。

第十二章

从空中花园到邱园，
植物带来的美学标准

公元前 6 世纪，新巴比伦王国的尼布甲尼撒二世为了缓解王妃安美依迪丝的相思病，修建了一座规模宏大、样式独特的花园。这座传说中的花园，采用立体造园手法，工匠们把花园建在由沥青及砖块构成的四层平台之上。而这个平台由 25 米高的柱子支撑。工匠们甚至为这座立体花园修建了灌溉系统，奴隶不停地推动连接着齿轮的把手来提供灌溉用水。园中种植各种花草树木，远看犹如花园悬在半空中。这就是与中国万里长城、埃及金字塔齐名的，被誉为世界七大奇迹之一的空中花园。

虽然空中花园是否真的存在仍然受到一些学者的质疑，但是人类追求美的愿望是一贯而终的。不管是中国汉代的上林苑，还是清代的圆明园，抑或是英国的邱园，建立初衷其实就是满足贵族们欣赏休闲的需求。这些园林不仅集合能工巧匠的才思，更是集合了众多珍稀的植物。

在修建园林的过程中，人类对园艺植物的渴求，极大地推动了我们对于植物的认识，同时促使人类对植物习性的了解，并由此推动了物种收集和培育工作的极大发展。在人类制定的植物美学标准背后，隐藏着一段植物推动人类欲望张扬的历史。

君子兰和郁金香，美究竟是什么

　　什么样的植物是美的，这是一个很难回答的问题。所谓萝卜白菜各有所爱，口味尚且如此，对美丑的评判更是五花八门，但是在某些特定时期，某些区域的人类会形成一些特定的花卉审美标准，其中最出名的当属在历史上留下浓墨重彩的郁金香，不过，我还是要从君子兰讲起，去探寻这种统一审美原则背后隐藏的动力。

　　我对君子兰的大多数记忆，还停留在五六岁的时候。我还清晰地记得，家中有一盆花，有专用的一个安放花盆的铁架。并且，时常听父亲说起这盆花来之不易，如果养好可是价值连城。但这花在我看来，一点都不美，三指宽的墨绿色的带状叶子透出的只有憨厚劲儿，完全没有美感，关键的关键是这花在我们家压根儿就没有开过花。这盆总是不开花的神草就是君子兰，这种叫兰不是

彼岸花，通常指石蒜，《柯蒂斯植物》版画

兰的植物。

君子兰虽然名中有兰，但是它跟真正的兰花并无关系。真正的兰花花朵大多两侧对称，雌蕊和雄蕊通常会结合成一个叫"合蕊柱"的柱状结构，同时还拥有一个特别的唇瓣，认准这些特征，我们就能很容易认出真假兰科植物了。君子兰是典型的石蒜科植物，6 片辐射对称的花瓣，6 个雄蕊，1 个花柱，花朵下方的子房都说明了它的石蒜科植物的身份。它跟我们比较熟悉的韭兰、葱兰和朱顶红都是石蒜科得力花朵。

君子兰并不是中国土生土长的植物，它的老家在南非的山林之间。直到 19 世纪才被欧洲探险家发现，但是这种植物并没有马上成为一种受重视的花卉，毕竟它的花朵算不上艳丽，植株也长得中规中矩。但是，这毕竟是欧洲老牌帝国开拓殖民地的象征，所以还是被德国人和荷兰人当作园艺植物开始培育，这种行为就像英国人把王莲属植物从南美洲搞回伦敦，并且还给它安上了女王的姓氏。

1840 年，德国传教士把君子兰带到中国青岛，但是并没有扩散开来。至于说长春的君子兰，又是日本人在 1932 年的时候带来的。在很长一段时间里，君子兰都只是私家园林中的玩物，并没有普及开来。直到 20 世纪 40 年代中期之后才逐渐扩散到中国民间，但是很长时间内都是一个默默无闻的花卉品种。

20 世纪 80 年代的中国，到处都是蓬勃发展的景象，各种

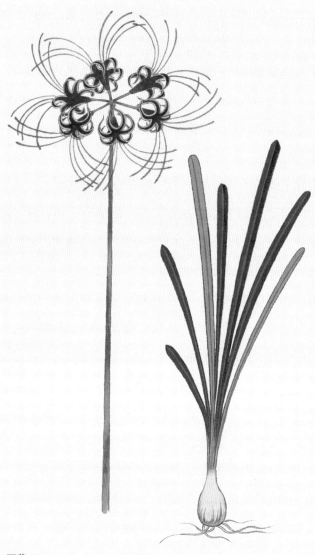

石蒜

新鲜事物席卷神州大地。1985 年从东北长春开始，一股席卷全国的君子兰热迅速上演，这种默默无闻的花朵，在很多时间内被哄抬成了神花，甚至出现一盆君子兰换轿车的奇景，要知道那个年代轿车可是相当于现在游艇和私人飞机的奢侈品。甚至出现了一花难求的景象。然而，这个热潮来得快，去得也快。很快，热火过后的君子兰就如同很多被热炒的植物一样被扫进了墙角。

实际上同样的剧情 400 年前就在欧洲上演过。

1554 年，奥地利哈布斯堡王朝时期从土耳其获得了郁金香的种子，并培育出了实生苗，这是最早引入欧洲的郁金香种苗。直到 40 年后，郁金香种球终于来到改变它们命运轨迹的荷兰人手中。在 1592 年，荷兰植物学家卡罗卢斯·克卢修斯获得了几个郁金香种球，1594 年的春天，郁金香第一次在荷兰的苗圃里展示自己的艳丽花朵。他根据花期的时间把郁金香分成了早花型、中花型和晚花型三种类型。谁也不曾想到，这几个种球在接下来的半个世纪中，竟然牵动了几乎所有荷兰人的生活。郁金香引入荷兰的时间，恰逢荷兰航海和贸易空前发达的时代。财富的积累让娱乐成为可能，贵族需要有自己身份的象征。郁金香生逢其时，承担了显示实力和地位的功能。而这场炫耀比赛的开端也多少具有戏剧性，卡罗卢斯·克卢修斯并不与大家分享自己的郁金香，直到有一天，他的郁金香被偷了。这就是荷兰郁金香产业的开端。

荷兰的郁金香

郁金香，《柯蒂斯植物》版画

很快，像洋葱一样的郁金香的球茎与财富挂钩了。花色和花形越是新奇，它们的售价就越高。到 17 世纪初的时候，一个优秀品种的种球可以高达 4000 荷兰盾，这几乎是一个熟练木工年薪的 10 倍。当时间的指针划入 1637 年的时候，郁金香的售价更是达到 13000 荷兰盾，用这些钱可以在阿姆斯特丹最繁华的地方买下一栋最豪华的别墅！

　　如此高昂的价格催生了一些在当时让人匪夷所思的贸易方式。比如，在前面我们说到，培育的种球有很长的一段休眠期。人们从交易开花的种球，变为交易没有开花的种球，到郁金香交易最狂热的时期，很多人交易的是仍然在苗圃里生长的，还没有收获的种球，收购者买到的只是一纸供货合约，数月之后他们才能得到郁金香种球。并且这种合约竟然是可以被再次交易的。这就是最早的期货交易。郁金香开创了一种全新的贸易模式，直到今天，期货交易仍然是金融市场的重要组成部分。

　　在这个疯狂的年代里，有一种被称为伦布朗型的郁金香独树一帜，成为众人争抢的目标。当时的人肯定不会想到，自己用重金换来的带有特殊斑纹和条带的郁金香花朵，竟然只是些感染病毒的"病人"而已。

病毒带来的奇异花朵

在上一章我们为大家介绍过人类发现的第一种病毒——烟草花叶病毒，这种病毒可以影响植物细胞的色素代谢，从而让烟草的叶片上产生特殊的斑点。无独有偶，导致郁金香出现特异颜色的原因也是病毒。

在17世纪初的郁金香狂热时期，感染了郁金香碎色病毒的花朵备受追捧。因为在红色的花朵上有一些类似火焰的黄色条纹，让郁金香花朵显得分外妖娆。

1637年，荷兰园艺学家发现，用出现碎色状态的郁金香鳞茎嫁接到颜色正常种球之后，就会让后者出现碎色的现象。但是，这个时候并不知道是病毒在搞怪。真正发现花色改变的原因已经是20世纪初的事情了。

人们发现鳞茎之间的相互摩擦，以及在郁金香上吸食汁液的蚜虫都可以成为传播病毒的媒介。只是到这时，伦布朗型郁金香已经在19世纪的时候失宠了，那些纯色健康的郁金香更受欢迎。我们对于病毒的认识更多地被用于防控病毒，而不是诱导产生新的伦布朗型花朵。

郁金香碎色病毒之所以能形成复杂而精致的斑纹，是因为这种病毒可以影响花青素的合成。那些发病状态的细胞中，花青素无法积累，因而出现了奇怪的色带和斑纹。而对于那些压根儿就不产生花青素的白色和黄色郁金香花朵来说，即便感染了病毒，也不会出现特别的条纹。这是因为，对这些花朵来说，并没有可以被干扰的花青素合成过程，白色和黄色的郁金香永远是纯色的。

人类对于稀有色彩的追捧不仅出现在花卉上，还出现在衣物和饰品上。越是稀有越是难于获得的色彩，就越受人追捧。

红上加红的红花

在人工合成染料出现之前，菊科植物红花可是为衣物增添色彩的重要物品。特别是在以红色为美的隋唐时期，红花更是受到追捧。唐代李中的诗句"红花颜色掩千花，任是猩猩血未加"形象地概括了红花非同凡响的效果。

红花的色素不需要特殊的处理，就可以与衣物的纤维牢牢地结合，所以用作染料是再合适不过了。这个能力看似平常，却藏着重要卖点。要知道，用靛蓝染色的时候，需要用热尿液来处理棉布，才能让颜料更牢固地附着在衣物上面。单是想想，也不是一件让人舒服的事情吧。这就足见红花的重要性了。

除了染衣服，红花还是胭脂的原料，只是在做成胭脂之前

红蓝花，又名红花

还要经过一些处理。

　　因为在红花中，并不单单含有红色的红花红色素，占色素20%~30%的是黄色的红花黄色素。当然不希望最终得到胡萝卜色的衣服。于是，怎样去除黄色素就成了加工红花红色素的必要步骤。黄色素很容易溶于水，而红色素会在酸性水中形成沉淀，于是这就成了分离两种色素的关键。

　　将带露水的红花摘回后，用"碓捣"把它们捣成浆，然后加清水浸渍。因为黄色素很容易溶解在水中，将这些汁液通过挤压去除，剩余在花饼中的色素大部分都是红色素了。那些被挤出的"黄汁"会被细心的采花女收集起来，浸泡一些手帕丝巾，在溪水中一冲，黄色素就被洗去。黄汁中少量的红色素就把手帕染成了淡红色。也算是废物利用了。

　　至于那些压干的花瓣，需要用发酵过的淘米水等酸汁冲洗，进一步去除残留的黄色素，就可以得到含有红色素的残花饼了。如想长期保存花饼，只需用青蒿（有抑菌作用）盖

茜草

上一夜，捏成薄饼状，再阴干处理，制成"红花饼"存放即可。

使用过程也很方便，只需用碱水或稻草灰澄清几次，等红色素溶解出来，就可以用来染色了。待布料浸染过红色素之后，再用乌梅煮成酸性水处理一下，红色就牢固地附着在衣物之上了。

除了红花，其实还有一种染色植物就隐藏在我们身边，那就是茜草，我们小朋友可能更熟悉的名字是拉拉藤。当我们穿着短裤在草丛中行走的时候，这些藤子上的倒刺会割伤脚腕和小腿。它们的根系可以提供红色的染料，只是茜草提供的红色并不如红花提供的那么鲜艳，所以红花的红被称为正红，而茜草的红则被称为土红。

当我们有了漂亮的衣物之后，就该考虑如何把它们保护起来了。在蛀虫眼中，这些衣物可是绝佳的食物呢。我们对色彩的喜好，与植物给我们的基本信号密不可分。

厨房为何拒绝蓝色

2017 年，百事可乐推出了一款新品，不仅拥有全新的梅子口味，更关键的是这款可乐居然是蓝色的。刚一上市，一瓶难求，但是随后的评价却是一边倒的。大多数网友给出的忠告是，千万不要被第二天马桶里的颜色吓一跳。大家追求的其实是短时间的新奇和刺激，有谁能欣然接受食用烂乎乎、蓝乎乎

苏木染出的红色、靛蓝染出的蓝色和栀子染出的黄色相映成趣

的可乐鸡翅呢？

为什么我们今天很少在厨房和餐厅里看到蓝色，蓝莓之外再无蓝色？这其实也是植物在人类基因上留下的印记。

我们来看一看，是不是因为蓝色是一个危险的信号，换句话说，这是不是来自食物的警告。毫无疑问，蓝色主要是靠植物提供的颜色，动物身上鲜有这种色彩，鸡鸭鱼肉就不说了，即便是多彩的昆虫也鲜有蓝色种类闯进我们的餐桌。问题来了，难道说蓝色的植物本身代表了危险，会阻止我们去啃食蓝色的花果枝叶，最终让我们在基因中拒绝蓝色，就如同我们天生拒绝苦味那样吗？

警戒色并不是一件新鲜事。动物的警戒色认识颇多，胡蜂的黄黑相间条纹，海蛇身上明晃晃的黄色都是告诉捕食者有毒的标记。但是长久以来，很少有人关注到植物也是有警戒色的，毕竟植物是可以通过光合作用来生产养料，而且在大多数情况下都可以在被动物啃食之后，逐渐生长复原，看看办公室窗台上那盆被反复揪叶子泡水喝，却依然繁茂的薄荷，就知道植物的再生能力有多强大了。

然而，这并不代表植物就不需要防御，也不代表说植物就没有警示动物的警戒色。哀鸽在选择一种巴豆种子的时候，会特别避免那些均匀浅灰色的种子，专门选择那些带斑点的种子，因为浅灰色的种子要毒得多。只是通常被认为是植物警戒色的颜色包括黄色、橙色、红色、棕色、黑色和白色，以及它

巴豆

们的颜色配搭，唯独就没有蓝色。

如果蓝色压根儿就不是一个危险的颜色。那么为什么我们不喜欢蓝色的食物呢？问题可能还是出现在植物的颜色之上。

在中科院西双版纳热带植物园的一项调查中，整个西双版纳热带雨林的 626 种果实中，只有 1% 的果子是蓝色的。而红色的果实占 19%，黄色的果实占 13%。蓝色的果子实在是不受人待见，其实这也难怪，在野外，波长越长的颜色越具有更强的传播能力，而蓝色这种短波长的颜色很容易被忽略。这是不受待见的根本原因。

那为什么世界上还会存在蓝色的果子呢？除了基因的遗传多样性之外，还有很多蓝色果子的播种机是没有彩色视觉的，比如蓝莓的老主顾灰熊就没有彩色视觉，在它们眼里整个世界都是黑白的。蓝莓长成什么颜色就无关紧要了。

相反，植物在爱好色彩的人类身上留下了爱吃的信号，红色和黄色。这也是大多数动物喜欢的，鸟儿爱红，虫子爱黄。在长时间的演化历程中，不管是人类还是动物都更倾向于选择自己熟悉的食物，而不是去贸然选择一种完全陌生的食物。且红色和黄色恰恰是植物世界中最多的果实的颜色，我们只是凑巧形成了这种选择偏好。附带说一句，让大家更惊奇的是，在之前的调查中黑色果实所占的比率为 40%，并且在光照条件不好的地方，动物更倾向去选择吃这些黑色的果实，因为它们更容易从背景中凸显出来。这也就解释了，为啥我们喝蓝色可乐只是寻求新奇刺激，却能欣然接受墨鱼汁拉面的美味，其实也是植物果实训练出来的偏好。看来，麦当劳把红色背景换成黑色背景也不是拍脑门的决定。

人类也对植物干了一些莫名其妙的事情，比如说把橙色定义成了胡萝卜色。在自然界，人家胡萝卜并不在意人类的喜好，颜色多得不得了。野生胡萝卜的根，有白、有黄、有绿、有紫，这也不奇怪，因为本来就没有啥选择压力，毕竟这些埋在地下细瘦的植物根，也不是动物的主要粮食，偶尔被牛羊抓住机会啃啃，也不在意它们的长相。就好像说，人类并没有统一变成单眼皮，也没有统一变成双眼皮，还是因为两种人都能找到伴侣生育后代啊。这就是没有选择压力的结果。

而对于胡萝卜的长相影响最大的是荷兰人。荷兰园艺学家的种植技术高超，不仅搞定了郁金香，更重要的是搞定了胡萝卜，他们培育的胡萝卜又大又甜，从野草变成了上好的蔬菜。按说，市场上的胡萝卜应该是多姿多彩的，然而荷兰的园艺师傅们有自己的小嗜好，它们就喜欢荷兰的幸运色——橙色。留下的是橙色的又大又甜的胡萝卜，至于其他颜色的，只能说抱歉了。于是胡萝卜色就同胡萝卜的颜色捆绑在了一起，意不意外，惊不惊喜？

要说颜色完全没意义，这也是不对的。我们今天的西瓜几乎都是绿皮黑子红瓤的状态。但是在30年前，生活就像一袋子西瓜，你永远不知道，下一个切开的西瓜瓜瓤是什么颜色的，红色、黄色、粉色、白色西瓜都能碰到。不过，西瓜的颜色与甜味真的有关系，红色最甜，黄色次之，白色最不甜。所以白色去当了西瓜籽生产者，黄色瓜变成了调剂色彩的龙套瓜，而充当主力的西瓜几乎都是红色的了。

顺便说一下，如果你看到17世纪的西瓜更是会吓一跳，那空空的瓜瓤居然是有空洞的，显然不如今天丰满紧实，那不是因为西瓜长残了，而是人类强迫它们越来越丰满了。这一切都要归功于育种专家。

虽然持续了一个世纪的郁金香的狂欢以市场崩盘收尾，但是人类追求稀有植物的历程并没有结束，随着工业革命如火如荼地展开，为了充实植物园，一个崭新的职业应运而生，这就是植物猎人。

什么是植物猎人

这其实是一个很难回答的问题，这个人群很难界定，有人说他们是冒险家，有人说他们是博物学家，还有人说他们就是赤裸裸的物种强盗。不管如何，在 19 世纪和 20 世纪初，植物猎人成为欧美贵族圈里的红人，不仅仅是因为他们可以带回新奇的植物，更重要的是，带回这些新奇的物种的行为，是蒸蒸日上的国力和科技发展的象征。

今天，我们在植物园能看到很多令人惊异的植物，王莲就是其中的一种。这种有着硕大叶子的睡莲科植物，毫无疑问是植物园水池中的明星。

但是，很多中国朋友可能都没有注意到，王莲的拉丁文属名是 "Victoria"（维多利亚），竟然与英国女王同名。这并不是一个巧合，这种植物，正是英国植物猎人给女王的献礼，这种植物见证了维多利亚的辉煌时代，也见证了英国植物猎人在全世界搜集奇花异草的黄金年代。从遥远的南美洲，把这样奇异的植物运回英国本土并栽培成功，无疑是对发展中的科技和国力的最好见证。

1837 年，英国探险家罗伯特·赫尔曼·尚伯克，在英属圭亚那第一个发现了亚马孙王莲。巨大的王莲让探险家震惊了，在当时的八卦消息中，王莲是一种"花朵周长一英尺，叶片每小时长大一英寸"的神奇植物。英国植物学家约翰·林德利（John Lindley）经过鉴定，将王莲定为睡莲科下的一个属，并且以维多利亚女王的名字，为这种植物命名。加上发现王莲的英属圭亚纳，是英国在南美洲的第一块殖民地，于是巨大的花朵、崭新的殖民地，这些身份交织在一起，王莲也多了几分更深层的含义，也与当时大英帝国的实力紧紧捆绑在了一起。

实际上，植物猎人为了让王莲活生生地出现在英国人面前，着实下了一番功夫。就说"如何让王莲开花"，就成了一场让英国园艺学家为之疯狂的竞赛，也成为不同家族的角斗场。各路人马不断尝试从亚马孙流域运回各种王莲的植物体。从1844年到1848年，多次努力都以失败告终了。不要说开花，就连在英国得到存活的王莲植株，都是一个非常困难的事情。

直到1849年，英国的园艺学家才解决了这个问题，他们发现：一定要把王莲的种子保存在水里，才能保持它们的活性，否则王莲的种子就会死亡。1849年2月，保存在清水中的王莲种子，活着来到了英国。同年3月，

约翰·林德利

英国皇家植物园得到了 6 棵植株，到夏天的时候，植株数量增加到了 15 棵。在当年 11 月份，亚马孙王莲终于在英国皇家植物园林——邱园，第一次绽放了花朵。这是一场人类科学与自然法则对接的胜利。

为了茶叶

植物猎人收集植株种子的工作，无疑也对植物学的发展起到了重要的推动作用。当然，植物猎人的使命，并不仅仅是收集奇花异草，他们也是推进帝国经济发展的重要力量。植物猎人来中国的第一使命，是获得茶叶的种苗和种植方法。

之前说过，中国从明末开始，实行闭关锁国政策。然而，中国却渴望白银这种可以作为货币的金属。因为在古代中国，以铜钱为本币的货币体系一直都没有建立起来，民众对于铜钱的购买能力持怀疑态度，而更倾向于接受更有公信力的白银，于是在古代中国的贸易体系中，对于白银的需求量越来越大。但遗憾的是，中国并不是白银的主要产区，这样就形成了货币需求和贸易之间的矛盾。

恰恰在这个时候，因为西班牙人和葡萄牙人在美洲找到了大量的黄金和白银。而大量的白银，正由美洲新大陆源源不断地输送到欧洲，进而变成了购买茶叶的资金。

在 18 世纪，英国和中国的茶叶贸易，就像巨兽一样，吞噬着英国的白银储备，而英国人对此束手无策，因为中国人似乎完全不需要英国人制造的商品，枪炮不需要，轮船不需要，就更不用说棉布丝绸了。从 1880 年到 1894 年，中国茶叶的关税收入达到 5338.9 万两白银，而在 1700 年到 1840 年，从欧洲和美国运往中国的白银超过了 17000 万两。

英国人不仅在中国，还在印度搜集茶树种子幼苗，实际上，英国人率先在印度找到了野生的茶树（普洱茶种），但是这些野生茶树的品质，实在满足不了茶叶生产的需求。于是，他们的目光还是放在了中国。

在当时，清政府对于茶树外流有着严格的管理，私自偷用茶树幼苗和种子会被处以极刑，但是在高额回报的诱惑下，还是有植物猎人铤而走险，将茶树走私运往印度。后来，有一位植物猎人在中国搞到了适合生产的茶树种子，他就是福琼。1851 年，福琼为印度带去了 12838 棵茶树幼苗，并且还有 8 名熟练的茶树工人。这就成了印度制茶产业的基础。

印度这个新兴的产茶区域的兴起，让英国人完全摆脱了中国茶叶贸易的限制。而在这个变化过程中，植物猎人发挥了举足轻重的作用。

对美丽植物的追逐不仅促进了世界物种大交换，也让人类在这个过程中更好地学习和认识了植物生长的基本知识，为开拓未知世界储备了大量知识。与此同时，对美丽植物的渴求，

植物猎人来中国的第一使命，是获得茶叶的种苗和种植方法

更是促成了最早的期货贸易的发展，催生了最早的金融泡沫，并且让寻找有价值的植物成为一项有价值的工作。而我们要追寻的色彩，在很久之前，植物就已经帮我们设定好了。不仅如此，我们人类今天自以为有了改造生命的能力，但是我们的饭碗中装着的仍然是植物的籽粒。如同与如来打赌的孙悟空，当人类以为已经拥有了超越自然能力的时候，却仍然没有飞出植物的手掌心。

第十三章

杂交水稻和转基因玉米，
人类的未来在植物手中

2004 年，我还在中科院植物所攻读博士研究生。那个夏天，我只身一人背着行囊和标本夹来到甘肃南部的白龙江河谷，目的是调查这个区域的兰科植物分布情况。其中有一周时间，我住在一个叫憨班的小村子里，每天从海拔 1500 米的驻地，一路爬到海拔 3000 米以上地方，在这里看到了杓兰、红门兰、虎舌兰等一众拥有独特花朵的兰科植物，但是见到野生兰花的欣喜感终究无法抚慰缺油水的肚子。因为在憨班每天的主食就是土豆，蒸的、煮的、烤的轮着吃，唯独少了肉味。

于是，在工作结束的那一天，我和向导一起去了车程 1 个小时的镇上买回了 5 斤肉，并且一顿饭就解决了。看着向导全家人开心吃肉的样子，我不禁想起了自己童年时偷肉吃的场景。当然，偷的不是别人家的肉，而是自家厨房里的肉。20 世纪 80 年代初，对大多数中国人来说，顿顿饭都有肉吃，仍然是个奢侈的想法。我的祖母会把买回来的肉炒熟，加入大量的盐和酱油，放在一个大缸子里面。每次炒菜的时候，从里面舀出一勺放在菜里面，这就算是荤菜了。年少嘴馋的我，总会趁着大人们不注意，偷偷跑到厨房去翻这些酱油肉吃。被发现之后，大人们也不会真的生气，倒是会逼我喝下大杯大杯的白开水，因为那些肉真的太咸了。

想要实现吃肉自由，根本的问题还是需要足够的粮食，因为高质量的肉类生产需要大量的农作物饲料。毫无疑问，能吃饱肚子，吃得好不好，我们还是需要回归到植物身上。

中国国家统计局公布的，2019年中国全国粮食总产量66384万吨，比2018年增长0.9%，创历史最高水平。然而，在日益增长的需求面前，这个数字仍然显得不够庞大。从"吃饱"到"吃好"，虽然只有一字之差，两者之间横亘的是一条需要几何倍数增长的粮食才能填平的鸿沟。

随着以化肥和农药广泛使用为标志的绿色革命发展，农作物产量有了极大提升，在100年前，中国平均粮食亩产通常不超过200斤，而到今天，粮食亩产上千斤已经是平常的事情，并且还在逐年增长。但是，化肥和农药支撑的农田系统已经显出了疲态，我们也无法把产量的突破寄托在这两种措施上。

于是，新的杂交育种技术和转基因育种就成为今天的必然选择。

杂交水稻和转基因技术之间究竟有什么关系？在新的生物技术支持下，植物真的可以满足我们无止境的需求吗？人类已经把自己饭碗的命运握在手中了吗？

杂交水稻的兴起

杂交是提高作物产量的实用技术。在孟德尔阐述了遗传学原理之后，人类认识到把作物的优秀基因通过杂交组合在一起，就可以获得更为优秀的后代。道理虽然简单，但很多作物并非那么配合。

水稻是种特别的植物，它们的雌蕊和雄蕊是同时成熟的，一旦开花，所有的雌蕊都会被自家雄蕊产生的花粉占领。根本轮不到外来的花粉送上去授粉，也在很大程度上阻止了杂交的个体出现。

这个难题同样困扰着杂交水稻之父——袁隆平先生。在早期育种工作中，更多的是通过收集稻田中的优秀个体来实现的，把稻穗特别壮硕的水稻籽粒收集起来，播种到田里。但是结果却让人失望，种出的水稻全然不像它们的母亲那样健壮，不仅稻秆高高矮矮差异明显，连谷穗也是大大小小各不相同。因为不知道天然产生的杂交水稻的父母究竟是谁，更无从预测这些杂交个体的后代是否真的优秀。即便如此，要找到天然杂交个体，也是十分困难的事情。

那么，怎样才能高效地制造出杂交水稻的种子呢？可能有朋友会说，直接把一些水稻花的雄蕊去掉，用其他花朵给它们授粉不就好了。如果你看过水稻开花，就会发现这个做法是不可行的，每个稻穗上都有上百个小花，每个小花有 6 个雄蕊，要把它们挑拣干净，简直是不可能完成的任务。那水稻育种就进入死胡同了吗？

就在大家埋头寻找剔除水稻雄蕊的方法的时候，袁隆平先生想到了另一条道路——去寻找那些雄蕊本来就不发育的水稻个体。功夫不负有心人，袁隆平先生在稻田中找到了 6 株，天然的雄蕊不发育的水稻植株，在接受了正常水稻花粉之后，这些雄性不育的水稻结出了稻穗，并且它们的后代里面也有雄蕊不发育的个体。1966 年，这个发现被发表在中国顶尖杂志《科学通报》上，但是当时这个发现并没有引起大家的注意。

可是意外发生了，由于社会运动的影响，1968 年，袁隆平先生的实验受到了阻挠，连实验的种苗也被尽数毁坏，就这样，初露曙光的杂交水稻之路陷入了黑暗。

但是，袁隆平先生并没有就此放弃，他在一口废井中找到了 5 株秧苗，实验就此继续。可是，杂交的结果并不是很理想。这些杂交后代，并没有如大家想象的那样长得更高更壮。于是，社会上出现了"杂交无用论"。袁隆平先生的工作再次陷入了泥沼之中。

原因究竟何在，为什么杂交后的水稻没有优势呢？这主要是因为，这些栽培的雄性不育水稻同其他水稻的关系太亲近了。

水稻

就像人类近亲结婚，有很大的可能会生下有缺陷的后代一样，这些关系亲近的水稻一样不会有什么太好的结果。

不过，故事并没有这样结束。在海南发现的一棵雄性不育的野生稻，拯救了杂交水稻事业。在引入这棵名叫"野败"的水稻个体之后，整个杂交水稻的道路被打通了。1976 年，全国推广杂交水稻 208 万亩，增产幅度普遍在 20% 以上。中国的粮食产量达到了划时代的高度。1977 年，袁隆平将之前的实践经验总结整理，发表了《杂交水稻培育的实践和理论》与《杂交水稻制种与高产的关键技术》两篇重要论文。中国的杂交水稻成为世界农业史上一个重要的里程碑。

到今天，杂交育种技术已经被广泛应用于水稻育种工作中。

不过，自然界存在的优秀基因毕竟是有限的，而育种筛选需要花费大量的时间，况且在天然植物中并不存在抗除草剂和高效抗虫害的基因。要想极大增加产量，还需要进行有目的的基因编辑。这件看起来只有在人类社会会发生的事，其实在 100 万年前，大自然就已经在红薯身上操作过了。

红薯是天然转基因作物

在 15 世纪末，哥伦布带着一帮打算去亚洲找胡椒的兄弟误打误撞来到美洲。他们惊异地发现，这里的人居然不种小麦和大麦，他们的很多食物居然是从土里刨出来的，那些带着泥巴的块茎和块根居然就是当地人的主要食物。对于吃这些东西，欧洲殖民者是抵触的，因为小麦和大麦都是向着天空生长的，但是红薯则深深地埋藏在土壤之中，而那里是魔鬼撒旦的领域，怎么能够与魔鬼同流合污呢？不过，很快，欧洲殖民者的高贵信念就屈服给了肚子，人饿了总要吃饭，而红薯毫无疑问可以填饱更多饥饿的肚子。那是因为红薯提供的能量实在是太强大了，一公顷的红薯每天能提供 7000 万卡的热量，而小麦的产能只有 4000 万卡，产能只有红薯的一半，毫无疑问，同样的土地种红薯，能够养活很多人。

再加上红薯能提供人体必需的维生素 C 和胡萝卜素，简直就是天造地设的好食物。如今的红薯更是朝着高甜度、好口感的方向发展了，这么好的食物如今却备受质疑，因为很多朋友都觉得红薯这么软糯甘甜，红薯这么能养活人，特别是还有紫薯这个异类，这都因为红薯是转基因作物。

还真说对了，这红薯就是转基因作物，而且在 100 万年前就已经操作完成了。对，这事并不是我们人类干的，而是大自然的安排。其实，最初红薯的祖先的根并不粗壮，更像我们今天看到的沙参和桔梗。然而，就在 100 万年前，有一个红薯生病了。它的身体被一种叫根癌农杆菌的细菌入侵了，不甘心的红薯并没屈服，它顽强地挺过了疾病。就好像孙悟空在太上老君的炼丹炉里获得了火眼金睛一样。红薯在这场大病中获得了发福的基因。

红薯

根癌农杆菌是遗传实验室中最常用的工具，在这种细菌的体内有一种叫质粒的特殊 DNA。质粒更像是基因搬运工，它们能把一些基因"扛"在自己身上，送到被感染的生物基因之上。而在 100 万年前，质粒就把赤霉素基因强塞给了红薯，正是这个基因的加入，让细瘦的红薯拥有了发福体质，被培育成了人类不可或缺的食物。

其实，人类也有被转基因的可能。如果不幸患上艾滋病，那就要经历转基因的过程。因为艾滋病病毒并不是完整的生命体，它们自己不能完成后代生产，必须借助人类的细胞来干这个事儿。更好玩的是，要完成生产后代这件大事，就必须把自己的基因先整到人类细胞的 DNA 之中去，然后等生产出足够多的病毒复制品的时候，就会把人体细胞搞破裂，然后再去感染其他细胞。然而，有些人体细胞会幸存下来，也就拥有了病毒的 DNA。这也是艾滋病病毒可以在人体中潜伏很多年的原因。

人类之所以对艾滋病病毒没办法，还有一个重要原因是这些病毒太不靠谱了，经常复制出错。因为复制出错就变了长相，我们的免疫系统刚刚记住强盗的样子，结果人家就易容了。这就是至今艾滋病疫苗无法成功的关键原因。

人类以为自己掌握了自己的命运，掌控了对抗自然的法则。其实不过是自然界的小学生而已。我们今天运用的转基因技术，竟然与大自然在 100 万年前所做的如出一辙。

为什么是玉米

中国的市场上不知从什么时候开始，出现了很多特别的玉米，糯玉米、水果玉米、彩色的玉米，还有专门爆米花的玉米；也不知道是从什么时候开始，大家给这些"非正常"（与传统老玉米不同）的玉米，都打上了似是而非的转基因标签。于是，一场论战开始了，各种辨别转基因的所谓妙招应运而生。我们吃的玉米粒里究竟有没有转基因，这些基因又从何而来，美国的转基因作物又是如何发展起来的，今天我们就来唠一唠转基因玉米的诞生历史。

实际上，玉米并不是最早的转基因植物，也不是最容易实现转基因的植物。恰恰相反，玉米的转基因道路远比烟草和矮牵牛这样的模式之物要复杂，并且最初的成功率很低。

玉米为什么会被选中，是因为美国人根本就不吃这种东西吗？当然不是，那是因为玉米本身就是美国农业的核心作物。美国主要种植四种农作物，包括玉米、大豆、小麦和棉花。2011 年美国玉米产量 3.28 亿吨，大豆产量 9032.82 万吨，小麦产量 6030.95 万吨，棉花产量 264.08 万吨，谁多谁少一目了然。

有意思的是，最初的转基因作物的发展道路，并不是为了做出转基因玉米而设计的，实际上，与很多科学技术的发展道路一样，转基因技术也是先有技术，后有应用和商业上的开发。

转基因的两个必要条件

　　孟德尔告诉人类，生物的性状是遗传物质控制的；沃森和克里克告诉人类，关于性状的秘密就隐藏在那些双螺旋之中，并且那些信息也不过是四种碱基（ATCG）排列组合的一个结果。但是要真正实现转基因，其实并不容易。

　　就像把大象塞进冰箱只要三步一样（打开冰箱门，把大象塞进去，把冰箱门关上），进行转基因的过程可以归结成很简单的三个步骤：第一步是把想要的目的基因（抗病、抗虫或者抗除草剂）和基因的开关塞进植物细胞；第二步，筛选出那些成功获得外来基因的植物细胞；第三步，把获得外来基因的植物细胞培养成一棵完整的植物。

　　要想实现第一步就需要一个高效的基因运载工具。因为所有生物的细胞都有一层城墙一样的细胞膜，维持这层生命之膜的完整性对于细胞的正常生命活性至关重要。要想在不破坏细胞膜的情况下"合理合法"地通过这个城墙，就需要特殊的运载工具。在 1981 年的时候，人类的转基因技术终于有了突破，科学家发现，一种叫根癌农杆菌的细菌可以作为通过细胞膜的交通车，把目的基因送进植物细胞。今天，我们知道，转基因的过程是依赖于这种细菌中的质粒，也叫闭合环状 DNA。质粒才是真正的能把目的基因投递到终点的"运载工具"（从此，质粒也成为很多生物学研究生的噩梦）。

光有基因片段其实并没有用，生物体内的基因表现出自己的功能，其实有着严格的时间和空间顺序，比如头皮上不会长指甲出来，幼年的时候生殖系统不发育，这些都与作为基因开关的"启动子"和"终止子"有关。虽然植物基因的"启动子"非常难于琢磨，但是科学家意外地发现，来自细菌的"启动子"DNA 片段也能很好地来打开植物体内的基因。

现在我们能把基因送进细胞了，但并非每一个细胞都可以接收到新的 DNA 片段，如何排除那些没有成功的细胞的干扰就成了一个问题。这里出现了一个天才的想法，那就是用一个基因来筛选细胞。我们知道在自然界，有很多耐药细菌，这些耐药性也是基于基因产生的。所以，科学家们在插入植物细胞的基因上加上了一段抗卡那霉素的基因片段，只要基因插入成功，那么这些全新的混合体细胞就一定能抵抗住卡那霉素的侵袭，反之，则会被卡那霉素杀死。这样就筛选出了那些成功转化的细胞。

最后一步就是把转化好的细胞，重新变成完整的植物。到了 1981 年的时候，植物的组织培养技术已经非常成熟了。可以利用有限的细胞分裂出需要的细胞团块，并且再诱导它们长成我们需要的植物体。

转基因技术的目标有了，工具也有了，但是运送一个什么样的基因进入玉米，反而成了一个非常大的问题。

抗除草剂玉米，一个逆向思维的天才案例

对于转基因玉米，不得不提的就是孟山都公司开发的抗草甘膦（农达）的玉米。实际上，草甘膦的推出，远早于抗除草剂玉米的出现。在当时，草甘膦作为一种广谱除草剂，一度是孟山都公司的拳头产品，也是投入大量人力和物力去推广的产品。这款除草剂的强大之处是不管是单子叶植物（如玉米、小麦），还是双子叶植物（如大豆、西瓜）都可以通杀。那问题来了，如何才能在有效杀死杂草的同时，又能让农作物健康成长呢？能不能让农作物有对抗草甘膦的特性呢？

德国科学家对于草甘膦的研究，为科学家们提供了新的解决思路。在研究中发现，草甘膦实际上是通过影响植物细胞中酶的活性来达到杀灭植物的。在草甘膦的作用下，植物体内一种叫 EPSPS 合酶（5- 烯醇丙酮酸莽草酸 –3– 磷酸合酶）的活性会下降。这将导致植物体过量积累莽草酸，并最终把植物给毒死了。

如果是基于传统的想法，那我们就应该从千千万万的玉米幼苗中筛选出那些能抵抗草甘膦的个体加以培育，这就像大自然执行了亿万年的自然选择一样。但是这样的过程无异于买彩票，中奖的概率实在太低了。

这一次，科学家们改变了思路，他们开始尝试通过给玉米

细胞导入新的基因，来改变这些 EPSPS 合酶的状态，让它们不再结合草甘膦。从而让玉米细胞避开草甘膦的侵扰，这样就实现了真正的定向杀灭杂草的目标。于是，抗草甘膦的基因被送入了玉米的细胞之中。这就是我们今天看到的大量的抗草甘膦的转基因玉米。

有意思的是，虽然孟山都的设想和实验都走在前面，但是第一个真正实现这个目标的却是欧洲的实验室。

故事到这里并没有结束，实际上，一个作物品种，单单有一个优秀的基因是远远不够的。所以，不管情愿不情愿，孟山都也还是与老牌的育种企业先锋种业合作，来培育出了真正市场化的产品。

写到这儿，我们需要明确一个问题，转基因作物并不是一个心血来潮的产物，也不是一个科学家的疯狂想法，这一切都是科技发展到一定阶段的必然产物。如何能正确地认识这项技术，更好地规避其中的风险，发挥技术的最大效能，才是我们应该深入思考的问题。

转基因作物安全吗

早在 1994 年，在美国已经有转基因番茄品种"莎弗"上市了；1997 年我国也培育出了"华番一号"，在通过检测后也推向市场。不过也不用担心，目前在番茄中导入的基因只是为了延迟番茄的成熟时间，抑制番茄体内部分特殊蛋白质的合成，从而关闭了降解细胞壁、让果实软化过程的"开关"。这样，就可以让番茄经得起长途跋涉，从千里之外的菜园来到我们的餐桌之上。

当然，这些品种在投放市场前都经过严格的动物实验，所以也不用担心它们会干扰我们的肠胃和健康。FDA（美国食品药物管理局）对转基因番茄进行了老鼠实验。不过，老鼠是不吃番茄的，不管是转基因的还是天然的生番茄都不合它们的胃口。所以，在试验中只能用管子直接把番茄酱注入老鼠的胃里。第一次实验，吃两种番茄酱的老鼠都安全；第二次实验中，吃转基因番茄酱的 20 只老鼠中有 4 只中招了，而普通番茄组的什么事也没有（这也是被反转基因广泛引用的实验结果）；不过紧接的第三次实验结果是灌进两类番茄的老鼠都出现了胃部损害。最后得出结果是，大量吃下（如果这种进食方式能称为吃的话）转基因番茄酱和普通番茄酱的老鼠都有胃部损伤的危险，毕竟番茄中的酸含量不低，这对肠胃不是什么好东西。

除了"莎弗"基因本身，还有人担心那些人工插入的以判断转基因是否成功的，作为"指示灯"的另一类基因。这些指示基因同"莎弗"基因是捆绑在一起的，如果转基因成功，这样的细胞就不会被抗生素杀死，反之则会被抗生素清除了。为了进一步明确这个标志性的抵抗抗生素的外源基因对动物的影响，研究人员专门搞出了纯的由"莎弗"耐药性外源基因编码的蛋白，再次逼可怜的小老鼠吃下。即使当饲喂量达5000毫克/千克体重时，老鼠依然活蹦乱跳。考虑到这种蛋白质在番茄果实中总蛋白质（每100克"莎弗"番茄含蛋白质0.85克）所占的比例不超过0.1%，人类怕是很难通过吃番茄吃到老鼠的剂量，因为一个体重60千克成人至少要吃下350千克的番茄才与实验老鼠的摄入量相当。并且在模拟胃的条件下（pH1.2的胃蛋白酶溶液，37℃），该蛋白在10秒内即被降解。要想影响人体，这个基因显然还嫩了点。

最终，FDA得出的结论是，"莎弗"转基因番茄跟市场上的其他番茄一样安全。这就是到目前为止关于转基因番茄安全性的认识。

作为转基因农产品的先锋，"莎弗"转基因番茄只在市面销售了3年。不过它的退市倒是与这种番茄的安全性无关，纯粹是商业运作失败所致。这种新番茄售价很高，而运输和包装都跟不上，导致损毁众多。另外，一手培育这种番茄的加州基因公司虽然不缺能做转基因的生物技术人员，却缺乏懂得种地的农业技术人员。在没有跟其他传统育种公司合作的背景下，他们最终得到的有效的转基因种苗只有20%。公司因此经营不善，然后就亏损，然后……然后就没有了……

总之一句话，千万别把科学家看成科学狂人，也不要把科学家堪称随心所欲的上帝，更不要把科学家看成能解决一切问题的终极钥匙。不管你是挺转，还是反转，我们都是被转而已。

　　到今天，我们再也不用去厨房偷肉吃了，中国人的餐桌也变得越来越好，食材也越来越丰富。人类早已不是生活在树上的古猿祖先，然而我们并没有离开植物，我们也无法离开植物。不管是杂交水稻，还是转基因玉米，表面上看是人类操控植物的结果，但实际上，仍然是植物在帮助我们解决基本的粮食问题，如果没有水稻和玉米，即便有转基因技术，我们该用什么来转化阳光的能量呢？

　　我们不得不去思考一个问题，在人类社会前进的道路上，植物能持续支持我们吗？

终章

什么是植物?
生命的终极奥义

最近几年，在每次植物讲座的开场之时，我都会提一个问题，"大家喜欢动物，还是喜欢植物？"答案嘛，我用脚指头都能想出来。喜欢动物的孩子，占有绝对压倒性的优势。但是，每每在讲座的结尾，孩子们会把我的讲台围得严严实实。我知道，自己的努力已经在孩子们心中播下了植物学的种子。

我一直在思考，是什么让我们的孩子对植物学敬而远之，是什么让公众对植物学的误解如此之深，究竟怎样做才能让孩子们感受到每一片叶子背后悦动的生命魅力？让公众重新认识这一门与生命、与世界、与自己的人生都息息相关的学科，正是我想做的事情。

那么究竟什么是植物呢？

有人说，需要靠土壤生长的生物就是植物，这显然是不对的，因为在自然界存在众多寄生植物，从西方传说中经常作为象征物的槲寄生，到背负"食人花"大名的大王花，这些植物都是将根扎在其他植物的根茎上获取水分和营养。更有甚者，有一种叫重寄生的植物，专门寄生在槲寄生的枝条之上。显然，这些植物并不需要土壤。

有人说是依靠吸收太阳光来制造养料的生物那就是植物。

到今天，我们已经能找出太多的反例，在澳大利亚有一种兰花，它们一生都生活在地下，不管是生根发芽，还是开花结果都是在幽暗的地下完成的。这世界上有没有可以吸收太阳光的动物，还真有，有一种叫海蛞蝓的生物，能把海藻的叶绿体基因整合到自己的基因组里面去，自己生产叶绿素来进行光合作用。这在生物界也算得上一朵奇葩了。

为什么植物和植物学难于理解，甚至被奉为绝学？这并不是一个简单的问题。

但有一个核心原因不容忽视，人类无法理解植物，是因为人类选择了完全不同的生存方式。作为动物家族的成员，我们选择了依靠进食来获取营养和能量。这是因为我们即便全裸暴露在太阳光下面进行光合作用，一天也只能大概生产出 100 多大卡的热量，相当于一两都不到的大米能给人类提供的能量。这样获得的能量，还不足以支撑大家正常阅读这段文字。要想获得足够的能量，估计每个人脑袋上都得顶上一个大大的像树冠一样的皮膜。呃，这样的画面太美，不敢想。正因如此，人类选择了异养这条道路，简单来说，就是靠吃其他生物来获得足够的能量。这些能量也来自太阳光，只不过需要植物帮助我们将这些能量引入生态系统。

作为与植物完全不同的生命形态，人类真的很难理解植物的各种小心思。

但是，回溯人类历史，大家会发现，植物对人类社会的影响更是超出了我们的想象。我们的食物、文字以及社会组织结构都受到植物的支配，我们的经济、贸易以及对世界的探索都受到植物的支撑，甚至连我们的厨艺、肤色和长相都是由植物决定的。不仅如此，我们对遗传学、细胞生物学，还有转基因技术的认知也多半来自实验室里面的植物。植物对人类的影响不仅仅体现在今天的衣食住用行，还有人类的未来，我们对植物的认识，也是对自己的认识。

人类和植物的命运早就捆绑在了一起，还将一直延续下去。

植物和人类，究竟谁塑造了谁？

这并不是一个容易回答的问题。我们在使用杂交技术、转基因技术改造农作物，让今天农作物与它们的野生祖先迥然不同，不会撒落种子的水稻，均一橙色的胡萝卜，果肉充盈的西瓜，到处都是人工改造植物的痕迹。但反过来看，人类就没有被改造吗？我们学会了用火，选择了定居，学会了齐心协力修建灌溉系统，甚至发展出了国际贸易，这一切的幕后主使都是植物。

在这些改变的过程中，并没输赢和胜负，也没有绝对的好与坏。最初的改变也许仅仅来自稍稍提高的效率，稍稍降低的毒性，稍稍提高的贸易利润，一切改变都来得静谧而隐秘，特别是植物改变人类行为的时间更是以万年，甚至数十万年为时间标尺，以至于我们无法察觉自己行为的改变的起因竟然是植物。

时至今日，我们驯化的作物仍然是植物世界中的凤毛麟角，或者反过头来看，恰恰是这些少数作物驯化了人类，成为今天的王者。

植物和人类，究竟谁塑造了谁？

这本身就是一个宏大的命题，我们可以把植物和人类视为互相影响的选择压力，我们和植物既是合作者也是竞争者。谁塑造谁，似乎已经并不重要，只有努力适应彼此存在，努力适应并生存下去，这才是生命世界的终极答案。

希望每位阅读此书的读者都能找到自己的答案。

图书在版编目（CIP）数据

植物塑造的人类史 / 史军著 . —北京：现代出版社，2021.4
ISBN 978-7-5143-9010-0

Ⅰ．①植… Ⅱ．①史… Ⅲ．①植物—普及读物 Ⅳ．①Q94-49

中国版本图书馆 CIP 数据核字（2021）第 033644 号

植物塑造的人类史

作　者：史　军
选题策划：鼎之文化 高连兴
责任编辑：张　霆 哈　曼
出版发行：现代出版社
通信地址：北京市安定门外安华里 504 号
邮政编码：100011
电　　话：010-64267325　64245264（传真）
网　　址：www.1980xd.com
电子邮箱：xiandai@vip.sina.com
印　　刷：北京瑞禾彩色印刷有限公司

开　　本：880mm×1230mm　1/32
印　　张：9.875　　　　　　　字　　数：190 千
版　　次：2021 年 4 月第 1 版　　印　　次：2024 年 9 月第 5 次印刷
书　　号：ISBN 978-7-5143-9010-0
定　　价：59.80 元